NODE.JS
后端全程实战

凌杰 著

人民邮电出版社

北京

书在版编目（CIP）数据

Node.js后端全程实战 / 凌杰著. -- 北京 ：人民邮
出版社，2023.5
ISBN 978-7-115-60891-8

Ⅰ．①N… Ⅱ．①凌… Ⅲ．①JAVA语言－程序设计
Ⅳ．①TP312.8

中国国家版本馆CIP数据核字(2023)第012721号

内 容 提 要

本书是《JavaScript 全栈开发》在后端开发方面的续作。后端开发（也称服务端开发）指的是创建 Web 应用在服务端的实现，并对它进行部署与维护的过程。要想成为一名全栈工程师，后端开发的技术栈是必须要全面了解并掌握的。本书以基于 Node.js 运行平台的 Express.js 框架为工具为读者介绍开发并维护一个服务端应用所涉及的全部技术栈。

本书主体由两部分组成：第一部分以开发一个"线上简历"应用的服务端业务为演示项目，循序渐进地介绍使用 Express.js 框架开发服务端应用的具体实践过程；第二部分以"线上简历"应用的部署与维护工作为例，为读者介绍如何使用 Docker、K8s 等运维工具来进行服务端应用的维护工作。

本书提供了一个可读性强、可被验证的示例项目（包含完整源代码），以帮助读者理解书中所介绍的技术的概念、开发框架以及 Web 应用的维护工具。本书适合已经对 JavaScript、HTML 和 CSS 等基本前端技术及 Node.js 运行平台有所了解，并对 Web 全栈开发及其设计理念感兴趣的读者阅读、使用。

◆ 著　　　　凌 杰

责任编辑 李 瑾

责任印制 王 郁　焦志炜

◆ 人民邮电出版社出版发行　　北京市丰台区成寿寺路 11 号
邮编　100164　　电子邮件　315@ptpress.com.cn
网址　https://www.ptpress.com.cn
北京虎彩文化传播有限公司印刷

◆ 开本：800×1000　1/16
印张：14.5　　　　　　　　　2023 年 5 月第 1 版
字数：314 千字　　　　　　　2024 年 10 月北京第 6 次印刷

定价：69.80 元

读者服务热线：(010)81055410　印装质量热线：(010)81055316
反盗版热线：(010)81055315
广告经营许可证：京东市监广登字 20170147 号

前言

　　本书是本人"全栈三部曲"系列的收官之作。早在这个系列的第一本书——《JavaScript 全栈开发》的审阅阶段，就不断有读者反馈说：只使用 DOM 和 BOM 接口来编写客户端应用，或者只使用 Node.js 运行平台的原生 API 来编写服务端应用，对于大多数人而言，都将是一个编码量巨大、调试和维护非常繁复的工作。诚然，《JavaScript 全栈开发》作为本系列的基础篇，更倾向于为读者介绍 JavaScript 这门编程语言本身和客户机/服务器应用程序架构的理论基础，其中所演示的项目大多属于我们在实验环境中所进行的各种学习和研究活动。

　　在现实的生产环境中，开发者们大多时候是借助应用程序框架和专业的运维工具来开展具体项目的开发工作的。基本上，除了编程语言的基本语法之外，开发者的设计、开发能力很大程度上取决于如何根据自己面对的问题找到适用的框架，并在合理的时间内掌握该框架的使用方法，用它快速地构建自己的项目。因此在基础篇之后，我致力于利用具体的项目实践来向读者介绍如何培养这种"在做中学，在学中做"的能力。当然，框架和工具往往都是存在适用领域边界的。换而言之，我们在从事客户端应用的开发工作时，需要使用的是适用于该领域的框架及相关的项目构建工具，而在从事服务端应用的开发与维护工作时则要使用服务端领域的框架与相关的项目运维工具，它们各自可能都需要用一本书的篇幅来介绍。

　　因此，为了对《JavaScript 全栈开发》在前端部分，即客户端开发方面的内容进行补充，我在去年出版了《Vue.js 全平台前端实战》一书。在该书中，我以 Vue.js 框架及相关工具为例为读者介绍了客户端开发工作的相关实践。而本书则是在后端方面，即服务端开发方面的补充，将以 Express.js 框架及其相关的工具为例为读者介绍 Node.js 应用程序在服务端的开发与维护。

本书简介

　　简而言之，本书致力于探讨在服务端领域如何以基于 Node.js 运行平台的 Express.js

框架为中心，搭配 Docker、Kubernetes 等服务端运维工具，进行服务端应用的开发与维护工作。本书计划从 Express.js 框架的基本使用开始，循序渐进、层层深入地介绍 HTTP 服务的创建与开发、RESTful API 的设计与实现、数据库接口设计与实现，以及服务端应用的部署与维护。在这个过程中，本书将提供大量可读性高、可被验证的代码示例，以帮助读者理解书中所介绍的技术的概念、编程思想与程序设计理念。

本书的主体由两部分组成。第一部分介绍的是 Express.js 框架的基本使用方法，这里将用 4 章的篇幅介绍 Express.js 框架本身的设计理念、核心组件、中间件机制以及项目组织方式等。这部分将会具体介绍如何利用 Express.js 框架创建一个基于 RESTful API 规范的服务端应用。第二部分将会介绍服务端应用的部署与运维工作。这部分也将用 4 章的篇幅具体介绍如何使用 Docker、Kubernetes 等服务端运维工具来实现对本书第一部分开发的应用程序的自动化部署与维护。下面是本书各章及附录的内容简介。

- **第 1 章：服务端开发环境**。在正式开始服务端开发的议题之前，先用一章的篇幅带领读者进行一些必要的准备工作，目的是配备好后续章节中要使用的服务端环境以及相关的开发工具，并对相关的应用程序设计理念做概念性的介绍，帮助读者以最好的状态进入后续的项目实践中。

- **第 2 章：服务端开发方案**。这一章首先对 Express.js 框架做简单的介绍，目的是让读者了解这一服务端框架的核心特性及其所能带来的开发优势。然后，分别演示使用 Express.js 框架实现服务端业务逻辑的两种不同方案，并根据"线上简历"这项应用的具体需求对该项目进行初始化配置和结构安排，目的是借助这一过程让读者了解基于 Express.js 框架来创建项目的基本步骤，以及这些步骤所反映的设计思路。

- **第 3 章：数据库接口设计**。这一章将介绍数据库在服务端开发工作中所扮演的角色及其在 Express.js 框架中的使用方式。在介绍过程中，会分别基于关系数据库与非关系数据库的特点来探讨数据库的接口设计，并以 MySQL、MongoDB 这两种不同类型的数据库为例来演示如何在服务端项目中设计并实现访问数据库的 API。

- **第 4 章：服务端接口实现**。这一章会介绍如何使用 API 来实现应用程序的服务端业务逻辑，并演示如何根据 REST 设计规范来实现一个基于 C/S 架构的应用程序。在这一过程中，尝试在 Express.js 项目中引入一个基于 Vue.js 框架实现的客户端。

- **第 5 章：非容器化部署应用**。这一章会具体演示如何将之前开发的"线上简历"应用程序部署到真正的服务器环境中，并以传统的、非容器化的方式对它进行维护。在这一过程中，依次为读者介绍服务端运维工作的主要内容、基本流程、所要使用的工具以及这些工具的具体使用方法。

- **第 6 章：应用程序的容器化**。这一章将为读者介绍 DevOps 工作理念以及该理念所主张的容器化运维方式，它的作用是解决采用传统方式进行运维工作时所要面临的麻烦。毕竟，这些麻烦不仅会给运维工作带来高昂的成本，也会因思考角度上的完全不同而在运维与开发这两项工作之间产生一些难以调和的矛盾。

- **第 7 章：自动化部署与维护（上）**。这一章将介绍服务端运维工作中的最后一项任务，即监控服务端应用在服务器上的运行状态，并对其进行日常维护。本章内容涉及采用微服务架构的必要性及其容器化实现方式、Docker Compose 的安装方法和该工具的基本操作流程，以及如何在单服务器环境中实现应用程序的自动化部署与维护。

- **第 8 章：自动化部署与维护（下）**。这一章将继续介绍如何在服务器集群环境中实现应用程序的自动化部署与维护。在这一过程中，带领读者具体了解 Kubernetes 这一功能更为强大的容器编排工具，并学习其基本使用方法。

- **附录 A：Git 简易教程**。版本控制系统是一种在时间维度上维护计算机程序项目的软件系统，它的功能是方便开发者记录并管理自己在某个特定时间节点上编写的代码，以便在必要时实现一些"有后悔药吃"的效果。在这篇附录中，我们将以 Git 这个分布式版本控制系统为例来为读者介绍这类软件工具的基本使用方法。

- **附录 B：使用 Vagrant 搭建 K8s 服务器集群**。我们在使用 VMware、VirtualBox 这一类虚拟机软件创建虚拟开发环境时，往往需要经历寻找并下载操作系统的安装镜像文件，然后根据该镜像文件启动的安装向导一步一步地安装与配置操作系统，最后从零开始安装开发与运维工具的过程，整个过程非常费时、费力。在这篇附录中，我们将为读者具体介绍 Vagrant 这个自动化虚拟机管理工具的基本使用方法，并演示如何使用它来虚拟化一个由 3 台服务器构成的 K8s 服务器集群。

读者须知

由于本书是一本专注于介绍如何使用 Express.js 框架进行开发，并对开发结果开展运维工作的书，而 Express.js 是一个基于 Node.js 运行平台的服务端应用开发框架，所以希望读者在阅读本书之前已经掌握了 JavaScript 语言、Node.js 原生接口的基本使用方法，并了解与 HTTP 相关的服务器的概念等基础知识。如有需要，建议读者先阅读一下本书的前作——《JavaScript 全栈开发》，或者其他介绍上述基础知识的图书。

当然，由于 JavaScript 社区的开发框架不仅琳琅满目、选择众多，而且新陈代谢极为快速，这意味着等到本书写完并最终出版之时，开发者在服务端领域很有可能已经有了比 Express.js 框架更好的选择。所以基于"授之以鱼不如授之以渔"的原则，本书的目的是帮助读者培养快速学习任意一种新框架的能力，这需要读者更深入地去理解服务端框架的设计思路，理解为什么决定开放一些接口给用户，为什么对用户隐藏一些实现，也就是需要读者自己具备开发框架的能力。换句话说，虽然不必重复发明轮子，但一名优秀的工程师或设计师应该了解轮子是如何被发明的，这样才能清楚基于什么样的轮子构建什么样的车。

除此之外，我在这里还需要特别强调一件事：本书中所有关于"线上简历"应用的实现代码都是基于本书各章节中的代码占比及其阅读体验等众多写作因素进行了平衡考虑之后形成的最简化版本，其中省略了绝大部分与错误处理及其他辅助功能相关的代码。因此，如果想了解实际项目中某些具体问题的解决方案，还请读者自己去查阅本书配套资源中的内容。当然，在我个人看来，如果想要学好并熟练掌握一个开发框架，最好的办法就是尽可能地在实践中使用它，在实际项目需求的驱动下模仿、试错并总结使用经验。所以，我并不鼓励读者直接复制/粘贴本书配套资源中的演示代码，而更期待读者"自己动手"去模仿，亲手将自己想要执行的代码输入计算机，观察它们是如何工作的。然后，试着修改它们，并验证其运行结果是否符合预期。如果符合预期，就总结当下的经验；如果不符合预期，就思考应该做哪些调整来令其符合预期。如此周而复始，才能让学习效果事半功倍。

致谢与勘误

本书能够出版，离不开很多人的鼓励和帮助，在这里我需要感谢很多人。如果没有我的好朋友、卷积文化传媒（北京）有限公司的创始人高博先生的提议，我极有可能下不了创作本书的决心。如果没有人民邮电出版社信息技术出版分社的陈冀康社长和编辑的鼓励和鞭策，我也可能完成不了本书。我还要感谢朱磊、胡世杰两位好友的帮助，他们对本书的初稿进行了认真的审阅，提供了不少宝贵的建议。感谢人民邮电出版社愿意出版这本题材和内容也许并没有那么大众化的书，希望不会辜负他们的信任。我也需要特别感谢我的家人，感谢你们对我无微不至的照顾和给我的温暖的爱，这些都是我在这个世界上奋斗的动力。

当然，无论如何，本书中都会存在一些不妥及疏漏之处。如果您有任何意见，希望您致信 lingjiexyz@hotmail.com，或者在异步社区本书的勘误页面中提出，以帮助我们在后续修订中进一步完善它。

凌杰

2022 年 10 月

资源与支持

本书由异步社区出品，社区（https://www.epubit.com）可为您提供相关资源和后续服务。

配套资源

本书提供书中示例的源代码。

您可以在异步社区本书页面中单击 配套资源 ，跳转到下载页面，按提示进行操作。

提交勘误信息

作者和编辑尽最大努力来确保书中内容的准确性，但难免存在疏漏。欢迎您将发现的问题反馈给我们，帮助我们提升图书的质量。当您发现错误时，请登录异步社区，按书名搜索，进入本书页面，单击"发表勘误"，输入错误信息，单击"提交勘误"按钮（见下图）。本书的作者和编辑会对您提交的错误信息进行审核，确认并接受后，您将获赠异步社区的 100 积分。积分可用于在异步社区兑换优惠券、样书和奖品。

扫码关注本书

扫描下方的二维码，您将会在异步社区微信服务号中看到本书信息及相关的服务提示。

与我们联系

我们的联系邮箱是 contact@epubit.com.cn。

如果您对本书有任何疑问或建议，请您发邮件给我们，并请在邮件标题中注明本书书名，以便我们更高效地做出反馈。

如果您有兴趣出版图书、录制教学视频，或者参与图书翻译、技术审校等工作，可以发邮件给我们；有意出版图书的作者也可以到异步社区在线投稿（直接访问 www.epubit.com/contribute 即可）。

如果您所在的学校、培训机构或企业想批量购买本书或异步社区出版的其他图书，也可以发邮件给我们。

如果您在网上发现有针对异步社区出品图书的各种形式的盗版行为，包括对图书全部或部分内容的非授权传播，请您将怀疑有侵权行为的链接通过邮件发给我们。您的这一举动是对作者权益的保护，也是我们持续为您提供有价值的内容的动力之源。

关于异步社区和异步图书

"异步社区"是人民邮电出版社旗下 IT 专业图书社区，致力于出版精品 IT 图书和相关学习产品，为作译者提供优质出版服务。异步社区创办于 2015 年 8 月，提供大量精品 IT 图书和电子书，以及高品质技术文章和视频课程。更多详情请访问异步社区官网 https://www.epubit.com。

"异步图书"是由异步社区编辑团队策划出版的精品 IT 专业图书的品牌，依托于人民邮电出版社的计算机图书出版积累和专业编辑团队，相关图书在封面上印有异步图书的 LOGO。异步图书的出版领域包括软件开发、大数据、人工智能、测试、前端、网络技术等。

异步社区

微信服务号

目录

第一部分　服务端项目的开发

第二部分 服务端项目的运维

第一部分

服务端项目的开发

既然我们要以 Express.js 为核心来展开项目的实践讨论，那么如何使用这个框架进行项目开发就是读者首先要解决的问题了。所以在本书的第一部分内容中，我们将会用 4 章的篇幅具体演示如何基于 Express.js 框架开发一个名为"线上简历"的 Web 应用程序。在演示过程中，我们将会侧重于探讨在实现 Web 应用程序的服务端业务逻辑时会遇到的问题。本部分涉及的 4 章如下。

- 第 1 章　服务端开发环境
- 第 2 章　服务端开发方案
- 第 3 章　数据库接口设计
- 第 4 章　服务端接口实现

第 1 章　服务端开发环境

本书的第一部分致力于探讨如何围绕基于Node.js运行平台的Express.js框架来开发一个客户机/服务器（Client/Server，C/S）应用程序的服务端部分。这意味着读者将会接触到一系列服务端的开发工具，以及这些工具所代表的应用程序设计理念。所以在正式开始服务端开发的议题之前，我们需要先做一些必要的准备工作，目的是配备好后续章节中要使用的服务端环境以及相关的开发工具，并对相关的应用程序设计理念做概念性的介绍，帮助读者以最好的状态进入后续的项目实践中。因此在阅读完本章之后，我们希望读者能够：

- 了解服务器端操作系统的发展历程以及选择策略；
- 了解如何构建并配置服务端应用程序的开发环境；
- 了解如何根据开发环境来安装并配置数据库系统。

1.1　安装操作系统

从编程方法上来说，无论是Android/iOS应用程序，还是微信/支付宝小程序，抑或是传统的Web应用程序，它们在理论上都属于C/S架构的应用程序。在这种架构之下，开发者们通常会将应用程序中需要保障数据安全或者进行大规模计算的那一部分业务逻辑部署在服务器上，以便享受服务器的高性能配置以及能就近维护的便利，我们通常将这部分业务逻辑的实现称为应用程序的*服务端开发*（或*后端开发*）。然后根据服务端开发的成果，我们会继续针对该应用程序的用户可能使用的设备或Web浏览器来进行解决人机交互问题的开发工作，这部分工作则通常被称为应用程序的*客户端开发*（或*前端*

开发)。显而易见地，C/S 架构既能有效地降低应用程序部署与维护的成本，也能在很大程度上减少应用程序对用户侧的软硬件依赖，同时还能明确整个项目进行过程中的任务划分，因此成了当前最受欢迎的应用程序开发架构之一。

正如前文所说，由于本书的内容主要聚焦于应用程序在服务端业务部分的开发和维护，所以我们的工作将主要在服务器上进行。因此在一切工作开始之前，首先要做的就是构建好一个可供使用的服务端开发环境。而具体到服务端开发环境的构建，除了根据项目开发的具体需求来为服务器配置适用的 CPU、内存、硬盘等硬件之外，我们的首要任务就是为其选择一个合适的操作系统。

1.1.1　服务器操作系统概况

在当前市场上，在服务器领域主要有 Windows Server 和类 Linux 系统两种可供选择的操作系统。其中，Windows Server 是微软公司专为服务器设计的专有操作系统，由于该系统上的大部分操作都可以通过图形化界面来完成，所以原则上应该具有更低的使用门槛，更方便非专业的服务端工作者学习和使用。然而，由于 Windows Server 早期并不是面向多用户服务器设计的，这使它成了服务器操作系统领域的后来者，以至于在相当长的一段时间内，很多成熟的服务器软件在开发时基本上不考虑支持 Windows Server 系统。所以，虽然 Windows Server 的后期版本也引入了对 POSIX 标准（我们稍后会具体解释这一标准的来龙去脉）的支持，大大改善了其在面对 Linux 生态时的可扩展性和兼容性，但其软件生态与市场占有率依然远远不及以 Linux 为内核的操作系统。

毕竟，Linux 从一开始就是一款专为多用户服务器环境而构建的操作系统，它很早就支持不同用户共同登录系统，且运行稳定、高效，具有丰富的开源软件生态，所以一直占据着服务器操作系统领域的主要市场份额。当然，凡事没有十全十美，由于在类 Linux 系统上的操作大部分要通过终端的方式来进行，所以对执行相关操作的工作人员来说，对专业的要求往往是比较高的，他们通常都需要经历系统性的专业培训。

在本书中，我们将选择基于类 Linux 系统来构建服务端的开发环境，这在很大程度上也是目前 Web 应用服务端开发领域的主流选择。

1.1.2　为什么选择类 Linux 系统？

关于类 Linux 系统在服务器操作系统市场中占主导地位的原因，如今业界有很多解释都倾向于批评 Windows Server 系统有可扩展性差、不够安全之类的缺点，我个人认为这种说法多少有点儿倒果为因的嫌疑。这个问题真正的解释，很大程度上在于只是两种操作系统在这一领域有先来后到之分，且先来者有权制定标准罢了。

如果我们简单回顾一下历史就会发现，操作系统的发展动力源自人们在使用计算机时的任务管理需求。众所周知，在计算机发展的启蒙时代，计算机上执行的任务都是由操作人员手动编排的。而随着要执行的任务越来越多，这种靠人力来编排任务的执行方式就越来越不能体现计算机的效率优势了，于是出现了能进行自动化任务管理的批处理系统，这是最早期的计算机操作系统。但批处理系统只解决了任务在执行顺序上的编排问题，没有解决任务在等待输入期间的计算资源闲置问题，于是人们就开发出了能更合理分配计算资源的分时任务系统。而分时任务系统的出现也赋予了计算机同时应对多个用户的功能，这项功能使得不同的用户可以在同一时间段内共享同一台计算机上的资源，这个系统正是当今所有服务器操作系统的原型。

然后，越来越多型号各异的计算机被生产出来，且这些计算机设备的厂商都会为其配上专用的操作系统（例如，今天的苹果公司依然在坚持这个做法），这意味着用户在更换不同型号的计算机时就不得不学习新的操作系统，这是非常不利于计算机设备的普及的。为了解决这一问题，通用操作系统的概念随即出现。这一概念倡导让操作系统独立于硬件，以求在不同硬件上提供相似的用户体验。在诸多通用操作系统中，UNIX 脱颖而出并自然而然地成了服务器操作系统的主导者，也正是在 UNIX 的发展过程中，业界共同制定出了 POSIX 标准。

POSIX 是由理查德·马修·斯托尔曼[1]应 IEEE 的要求而提出的一个易于记忆的名称。其中，POSI 是 **Portable Operating System Interface**（可移植操作系统接口）的英文缩写，而 X 则表明其对 UNIX API（Application Program Interface，应用程序接口）的传承。这个名称实际上是 IEEE 为在各种 UNIX 操作系统上运行软件而定义的一组相关 API 标准的总称，该标准使得各个 UNIX 操作系统之上的 C 程序重新编译即可运行，无须修改代码。也正是因为有了 POSIX 标准，原本就致力于重新实现 UNIX 接口的 Linux 项目才能凭借着开源的优势迅速在服务器操作系统市场上占据主导地位。另外，Windows 则因为早期专注于个人计算机领域，忽视了对 POSIX 标准的遵守，因而失去了服务器操作系统市场的先机，成了后来者。

当然，对于一个在服务器上开发服务端应用的开发者来说，在选择服务器操作系统时除了要考虑操作系统的市场份额之外，最重要的是要考虑自己的实际开发需求。通常情况下，我们可以根据自己要使用的编程语言、应用程序框架、数据库来进行选择。例如我们要使用的编程语言是 C#，应用程序框架为 ASP.NET，数据库为 SQL Server，那么毫无疑问应该选择 Windows Server 系统。而在本书中，我们使用的编程语言是 JavaScript，应用程序框架是 Express.js，数据库是 MongoDB，那么类 Linux 系统无疑是

---

1 理查德·马修·斯托尔曼（Richard Matthew Stallman），美国程序员、自由软件活动家。他发起了"自由软件运动"，倡导软件用户能够对软件自由进行使用、学习、共享和修改，确保了这些软件被称作自由软件。斯托尔曼发起了 GNU 项目，并成立了自由软件基金会。他开发了 GCC、GDB、GNU Emacs，同时编写了 GNU 通用公共许可协议。

更好的选择。除此之外，我们选择的服务端运维工具也应该被列为选择服务器操作系统时的考虑因素，例如在本书的第二部分中，我们将使用 Docker 来充当运维工具，而 Docker 和大多数开源软件类似，优先支持的都是类 Linux 系统，这也是我们在本书中最终选择类 Linux 系统来构建服务端开发环境的原因。下面，我们进一步总结一下 Linux 系统在服务端所能发挥的优势。

- Linux 系统通常对计算机硬件要求较低，且大部分都可以免费获取，能有效地降低运维成本。
- 原生 Linux 支持多用户多进程系统，相对而言更适合被用作服务器操作系统。
- Linux 本身是基于计算机网络的操作系统，原生 Linux 支持所有 TCP/IP。
- Linux 得到了开源社区的强力支持，像 Apache、Docker 这类开源软件都会优先在 Linux 上实现。
- 由于 Linux 兼容 UNIX 的大部分接口，而 UNIX 是早期的服务器操作系统"霸主"，所以 Linux 很好地继承了其主导地位。

1.1.3　安装并配置 Linux 发行版

在正式介绍如何为服务器安装类 Linux 系统之前，我们需要先普及一个概念：Linux 本身只是一个操作系统的内核实现项目，它严格来说并不是一个完整、可用的操作系统。所以我们之前一直称这一类操作系统为*类 Linux 系统*，它指的是某一种以 Linux 为内核的操作系统，这些操作系统通常被称为 Linux 发行版。在我个人看来，目前在服务端上主流的 Linux 发行版主要可分为以下三大分支。

- **以 Debian 项目为基础的发行版**：包括 Ubuntu、Deepin 等，使用的是 APT 包管理器，主要用于个人用户，目前是市面上较为流行的 Linux 分支。
- **以 Red Hat 项目为基础的发行版**：包括 CentOS、Fedora 等，使用的是 YUM 或 DNF 包管理器。由于 Red Hat 本身是一个企业级系统，所以它比较适合需要稳定的企业级用户。
- **以 Arch Linux 项目为基础的发行版**：主要代表是 Manjaro，使用的是 Pacman 包管理器。软件为滚动式更新，策略比较激进，稳定性不充分。

由于我们接下来打算为读者演示 Web 应用在服务端的开发与维护工作，因此需要既有相对友好的图形化界面，又能兼顾服务端运行和维护的 Linux 发行版。在本书中，我们决定基于 Ubuntu 这个 Linux 发行版来构建 Web 服务端的开发与维护环境，主要原因是该发行版的定制化程度比较高，故而在系统安装和配置方面要做的事都相对简单，不至于花费过多的时间。当然，读者也可以利用 Arch Linux 这个发行版，从基本的系统开始，一步一步地手动构建自己所需的图形化界面和服务器环境，这并不会影响本书大部分内容的阅读体验。

　　Ubuntu 系统的具体安装过程非常简单，网上的教程很多，内容也都大同小异，基本上按照以下步骤做即可。

1. 在 Ubuntu 官方网站下载合适的安装镜像文件，如图 1-1 所示。在本书中，我选择的是 ubuntu-20.04.3-desktop-amd64.iso 镜像文件。

图 1-1　下载 Ubuntu 的安装镜像文件

2. 如果读者要在一台实体机上安装 Ubuntu，还需要准备一个存储容量大于 4GB 的 U 盘，并使用 U 盘刻录软件将其制作成 Ubuntu 的系统安装盘。当然，如果是在虚拟机上安装 Ubuntu，这一步就可以跳过了。

3. 将 Ubuntu 的系统安装盘插入要安装系统的目标设备，并让该设备从该系统安装盘启动。待其加载完安装程序之后，在欢迎界面选择系统要使用的语言 [这里选择"中文（简体）"]，并单击"安装 Ubuntu"按钮开始正式安装。

4. 根据系统安装向导执行以下操作。

   - 在设置"键盘布局"时选择"英语（美国）"。
   - 在设置"更新和其他软件"时，取消勾选"安装 Ubuntu 时下载更新"复选框。
   - 在设置"安装类型"时，如果没有双系统方面的需求，建议选择"其他选项"，让系统自动分配分区。

- 在设置"你在什么地方"时，选择自己所在的时区，这里选择"上海"。
- 在设置"您是谁？"时，输入自己的名字、目标设备的名称、登录系统时所要使用的用户名和密码等信息。

5. 待执行完系统安装向导的所有操作后，会提示重启设备。这时候需先取出系统安装盘，让设备从硬盘重启。这样一来，就能在设备重启之后进入 Ubuntu 系统的桌面环境了。接下来，我们需要对系统进行一些基本配置。

由于某些不可抗力的存在和客观物理网络的问题，所以在安装完 Ubuntu 之后，我们要做的第一件事应该就是将 APT 的软件源改成国内的镜像。这里选择的是阿里云的源，替换的具体操作如下。

- 备份一下原有的国外源，以备日后需要时将其恢复。

```
cd /etc/apt
sudo cp sources.list sources.list.bak
```

- 用编辑器打开源配置文件 sources.list，将其内容修改如下。

```
# 使用阿里云的源
deb http://mirrors.aliyun.com/ubuntu/ focal main restricted universe multiverse
deb-src http://mirrors.aliyun.com/ubuntu/ focal main restricted universe multiverse
deb http://mirrors.aliyun.com/ubuntu/ focal-security main restricted universe multiverse
deb-src http://mirrors.aliyun.com/ubuntu/ focal-security main restricted universe multiverse
deb http://mirrors.aliyun.com/ubuntu/ focal-updates main restricted universe multiverse
deb-src http://mirrors.aliyun.com/ubuntu/ focal-updates main restricted universe multiverse
deb http://mirrors.aliyun.com/ubuntu/ focal-proposed main restricted universe multiverse
deb-src http://mirrors.aliyun.com/ubuntu/ focal-proposed main restricted universe multiverse
deb http://mirrors.aliyun.com/ubuntu/ focal-backports main restricted universe multiverse
deb-src http://mirrors.aliyun.com/ubuntu/ focal-backports main restricted universe multiverse
```

- 更新一下系统。

```
sudo apt update && sudo apt upgrade
```

在本书中，我们会在一个虚拟机环境中构建服务端开发环境，在该虚拟机中安装并配置完 Ubuntu 的效果如图 1-2 所示。

当然，在经济条件允许的情况下，我们也可以选择向阿里云、腾讯云、亚马逊云等云服务提供商购买相关的云服务器。这样一来，我们不仅可以要求云服务提供商为自己安装好指定的 Linux 发行版，以免去一堆烦琐且容易出错的系统安装和配置操作，也可以在发现自己选错了操作系统时，随时向云服务提供商申请将云服务器中原有的操作系统替换成其他 Linux 发行版，甚至是 Windows Server 系统。

图 1-2 安装并配置完 Ubuntu 的效果

1.2 安装开发工具

由于本书将介绍如何基于 Express.js 这个服务端框架来开发应用程序的服务端，而该服务器框架又是基于 Node.js 平台运行的，所以我们接下来的任务就是安装好 Node.js 运行平台。

1.2.1 Node.js 运行平台

Node.js 运行平台主要有两种安装方式。通常在 Windows 和 macOS 这一类的图形化操作系统中，我们会下载 MSI 和 DMG 格式的二进制安装包，然后使用图形化向导的方式来进行安装。而在 Ubuntu 这类基于 Debian 项目的 Linux 发行版中，我们往往选择使用 APT 这一类的包管理器来完成这个任务，这简单而方便，依次执行以下命令即可。

```
sudo apt install nodejs
# 最新的 Node.js 已经集成了 NPM，所以通常无须单独安装
sudo apt install npm
```

当然，由于 APT 软件源中提供的 Node.js 版本通常是比较陈旧的，为了随时能将其切换到我们需要的版本，还必须要通过执行 `sudo npm install n --global` 命令安装一个名为 n 的 Node.js 的版本管理器。这样一来，我们就可以使用如下命令来切换

Node.js 的版本了。

```
sudo n lts              # 切换至最新的长期支持版
sudo n stable           # 切换至最新的稳定版
sudo n latest           # 切换至最新版
sudo n 15.1.0           # 切换至指定的版本
sudo n                  # 执行该命令之后，可使用上、下键切换之前已安装过的版本
```

　　如果一切顺利，在我们打开 bash 这一类终端，并在其中执行 node -v 命令之后，应该就会看到相关的版本信息了。

1.2.2　项目开发环境

　　从理论的角度上来说，要想编写一个基于 Node.js 运行平台的服务端应用程序，通常只需要使用任意一款纯文本编辑器。但在具体的项目实践中，为了在工作过程中获得代码的语法高亮与智能补全等功能以提高编码体验，并能方便地使用各种强大的程序调试工具和版本控制工具，我们通常会选择使用一款专用的代码编辑器或集成开发环境（IDE）来完成项目开发。在本书中，我个人倾向于推荐读者使用 Visual Studio Code 编辑器（以下简称 VSCode 编辑器）来开发所有的项目。下面就让我们来简单介绍一下这款编辑器的安装方法，以及如何将其打造成一个可用于开发 Node.js 项目的开发环境。

　　VSCode 是微软公司于 2015 年推出的一款现代化代码编辑器，由于它本身就是一个基于 Electron 框架的开源项目，所以它在 Windows、macOS、类 Linux 系统上均可使用（这也是我选择它作为主编辑器的原因之一）。VSCode 编辑器的安装非常简单，在浏览器中打开它的官方下载页面之后，就会看到如图 1-3 所示的内容。

图 1-3　VSCode 的官方下载页面

然后，需要根据自己的操作系统下载相应的安装包。待下载完成之后，我们就可以打开安装包来启动它的图形化安装向导了。在安装的开始阶段，安装向导要求用户进行一些设置，例如选择程序的安装目录、确定是否添加相应的环境变量（如果读者想从终端中启动 VSCode 编辑器，就需要勾选相应复选框）等，大多数时候只需采用默认设置，直接一直单击"Next"就可以完成安装。接下来的任务就是要将其打造成可用于开发 Node.js 项目的环境。

VSCode 编辑器的强大之处在于它有一个非常完善的插件生态系统，我们可以通过安装插件的方式将其打造成面向不同编程语言与开发框架的集成开发环境。在 VSCode 编辑器中安装插件的方式非常简单，只需要打开该编辑器的主界面，然后在其左侧纵向排列的图标按钮中找到"扩展"按钮并单击它，或直接按快捷键"Ctrl + Shift + X"，就会看到如图 1-4 所示的插件安装界面。

图 1-4　VSCode 的插件安装界面

根据开发 Node.js 项目的需求，我在这里推荐读者安装以下插件（但并不局限于这些插件）。

- **GitLens**：该插件用于查看开发者们在 Git 版本控制系统中的提交记录。
- **vscode-icons**：该插件用于为不同类型的文件加上不同的图标，以方便文件管理。
- **HTML Snippets**：该插件用于在编写 HTML 代码时实现一些常见代码片段的自动生成。

- **IntelliSense for CSS class names in HTML**：该插件用于在编写 CSS 和 HTML 代码时实现自动补全功能。
- **ESlint**：该插件用于检测 JavaScript 代码的语法问题与格式问题。
- **JavaScript Snippet Pack**：该插件用于在编写 JavaScript 代码时实现自动补全功能。
- **npm**：该插件可用 package.json 来校验安装的 NPM 包，确保安装包的版本正确。
- **Node.js Modules IntelliSense**：该插件可用于在代码中导入指定 Node.js 模块时实现自动补全功能。
- **npm IntelliSense**：该插件可用于在代码中编写 npm 命令时实现自动补全功能。
- **Import Cost**：该插件用于显示当前代码中引入 Node.js 模块的文件大小。
- **Path IntelliSense**：该插件用于在代码中指定文件路径时实现自动补全功能。
- **Node.js Exec**：该插件可用 Node 命令执行当前文件或被我们选中的代码。
- **Node Debug**：该插件可实现直接在 VSCode 编辑器中调试后端的 JavaScript 代码。
- **Rest Client**：该插件可以在不使用浏览器或 curl 这一类程序的情况下实现对 RESTful API 的测试，它可以直接在编辑器内交互式地向服务端发送 HTTP 请求，并接收其响应信息。

当然，VSCode 编辑器的插件数不胜数，读者也可以根据自己的喜好来安装其他功能类似的插件，只要这些插件满足后面的项目实践需求即可。除此之外，Atom 与 Sublime Text 这两款编辑器也与 VSCode 有着类似的插件生态系统和使用方式，如果读者喜欢的话，也可以使用它们来打造属于自己的项目开发环境。

除了上述专用代码编辑器之外，如果读者更习惯使用传统的集成开发环境，JetBrains 公司旗下的 WebStorm 无疑是一个不错的选择，它在 Windows、macOS、类 Linux 系统上均可做到所有的功能都开箱即用，无须进行多余的配置，已经被广大的 JavaScript 开发者誉为"最智能的 JavaScript 集成开发环境"。WebStorm 的安装方法非常简单，我们在浏览器中打开它的官方下载页面之后，就会看到如图 1-5 所示的内容。

同样地，在这里需要根据自己的操作系统下载相应的安装包，待下载完成之后就可以打开安装包来启动它的图形化安装向导了。在安装的开始阶段，安装向导会要求用户进行一些设置，例如选择程序的安装目录、确定是否添加相应的环境变量、确定关联的文件类型等，大多数时候只需采用默认设置，直接一直单击"Next"就可以完成安装。当然，令人比较遗憾的是，WebStorm 并非一款免费的软件。如果考虑到在实际生产环境中要支付的费用等因素，我个人还是建议读者尽可能地选择开源软件。

图 1-5　WebStorm 的官方下载页面

1.3　安装数据库

众所周知，数据库服务通常被认为是服务端应用的重要组成部分，毕竟在我们日常所能接触到的、基于 C/S 架构的应用程序中，绝大多数服务端部分的核心业务都与大量数据的增、删、改、查操作密切相关。因此，数据库在 Node.js 项目中的使用方式，也是我们在介绍基于 Express.js 框架的服务端开发时绕不开的重要议题之一。为了做好这方面的演示工作，我们需要在之前准备好的 Ubuntu 操作系统环境中分别安装代表关系数据库的 MySQL 和代表非关系数据库的 MongoDB，以便在第 3 章中讨论并示范如何围绕着它们开发一组专用于执行数据库操作的 API。

1.3.1　MySQL 数据库

MySQL 是传统关系数据库领域的经典产品之一，原本是瑞典 MySQL AB 公司开发的一款开源的数据库管理系统，但目前已归 Oracle 公司所有。它相对于其他关系数据库具有以下优势。

- MySQL 使用 C/C++编写而成，并使用了多种编译器进行测试，这赋予了它很好的可移植性，使它支持包括 Windows、macOS 以及其他各种 UNIX/Linux 发行版在内的多种操作系统。
- MySQL 为多种编程语言提供了 API。这些编程语言包括 C、C++、Python、Java、JavaScript、PHP 等。

- MySQL 既能够作为一个单独的应用程序被部署在 C/S 架构的服务端中，也能够作为一个库而嵌入其他的软件中。
- MySQL 支持 TCP/IP、ODBC 和 JDBC 等多种数据库连接途径，并提供了丰富的数据库客户端管理工具。
- MySQL 目前提供社区版和商业版两种选择，在使用社区版时可以享用其在开源社区的各种成果，且无须支付任何费用。

在 Ubuntu 系统中安装 MySQL 数据库，通常有 Ubuntu Software Center 图形化安装和 APT 终端式安装两种方式，下面我们就分别介绍它们。

1．Ubuntu Software Center 图形化安装：如果选择这种安装方式，我们只需在 Ubuntu 系统的图形化界面中打开 Ubuntu Software Center，并单击左上角的放大镜按钮，然后在弹出的搜索框中输入"MySQL"关键词并查询，最后选定 MySQL 安装项目，单击"安装"即可，如图 1-6 所示。

图 1-6　Ubuntu Software Center 图形化安装

2．APT 终端式安装：如果选择这种安装方式，我们只需打开 bash 这样的终端环境，并执行 sudo apt install mysql-server 命令即可，如图 1-7 所示。

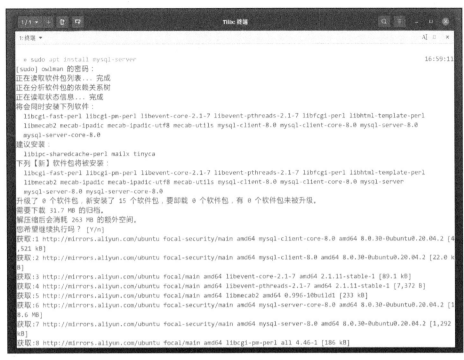

图 1-7 APT 终端式安装

在成功安装 MySQL 后，我们就可以通过 sudo mysql -u root -p 命令直接使用 root 账户登录到该数据库管理系统中，具体如下。

```
$ sudo mysql -u root -p
Enter password: <在此处直接按 "Enter" 键>
Welcome to the MySQL monitor.  Commands end with ; or \g.
Your MySQL connection id is 15
Server version: 8.0.30-0ubuntu0.20.04.2 (Ubuntu)

Copyright (c) 2000, 2022, Oracle and/or its affiliates. All rights reserved.

Oracle is a registered trademark of Oracle Corporation and/or itsaffiliates. Other names
may be trademarks of their respectiveowners.

Type 'help;' or '\h' for help. Type '\c' to clear the current input statement.

mysql>
```

正如读者所见，root 账户在默认情况下是没有设置密码的。如果想保证数据库的安全，就需要第一时间给 root 账户设置密码。为此，我们就需要在上面的 MySQL 命令提示符后面继续执行如下命令。

```
mysql> GRANT ALL PRIVILEGES ON *.* TO root@localhost IDENTIFIED BY "<你的密码>";
```

　　在这里，读者只需将上述命令中的"<你的密码>"替换为自己要设定的密码即可。在成功设置密码之后，如果我们再以 root 账户登录就需要输入密码了。当然，由于 root 账户拥有数据库的所有操作权限，因此不能轻易把 root 账户给别人用。而且，我们在同一个 MySQL 服务中通常会需要创建多个数据库，这些数据库可能分属不同的项目。因此我们通常会为不同的数据库分配不同的用户，例如像下面这样。

```
# 先使用 root 账户创建一个数据库
mysql> create database online_resumes
# 然后将这个数据库分配给一个叫 owlman 的用户
mysql> GRANT ALL PRIVILEGES ON online_resumes.* TO owlman@localhost IDENTIFIED BY "owlman120";
```

　　这样一来，我们就可以使用 sudo mysql -u owlman -powlman120 命令以 owlman 账户来登录本机的 MySQL 数据库，并操作 online_resumes 数据库了，具体如下。

```
$ sudo mysql -u owlman -powlman120
Welcome to the MySQL monitor.  Commands end with ; or \g.
Your MySQL connection id is 15
Server version: 8.0.30-0ubuntu0.20.04.2 (Ubuntu)

Copyright (c) 2000, 2022, Oracle and/or its affiliates. All rights reserved.

Oracle is a registered trademark of Oracle Corporation and/or itsaffiliates. Other names
may be trademarks of their respectiveowners.

Type 'help;' or '\h' for help. Type '\c' to clear the current input statement.

mysql> show databases;
+--------------------+
| Database           |
+--------------------+
| information_schema |
| online_resumes     |
| test               |
+--------------------+
3 rows in set (0.00 sec)

mysql>
```

1.3.2　MongoDB 数据库

　　MongoDB 通常被视为近年来最为流行的非关系数据库之一。这得益于该数据库介于关系数据库和非关系数据库之间的设计，使得它成了非关系数据库当中功能丰富，同时又像关系数据库的一个产品。MongoDB 相较于其他非关系数据库，具有以下优势。

- MongoDB 主要用 C++编写而成，这赋予了它在 Windows、macOS 以及其他各种 UNIX/Linux 发行版在内的多种操作系统上的可移植性。
- MongoDB 用于存储数据的文档结构非常类似于 JSON 格式的文档结构，这种松散自由的数据结构有助于存储结构较为复杂的数据信息。
- MongoDB 支持的查询语言非常灵活且强大，该语言在用法上与面向对象的编程语言非常类似，且可以实现类似关系数据库单表查询的绝大部分功能，这有效地降低了开发人员使用数据库的门槛。
- MongoDB 本质上就是一个实现了分布式存储的文档管理系统，这使得它相较于传统的关系数据库更适合用于开发基于 RESTful API 规范的服务端应用，并将其部署于服务器集群中。
- MongoDB 也提供社区版和商业版两种选择，在使用社区版时可以享用其在开源社区的各种成果，且无须支付任何费用。

在 Ubuntu 系统中安装 MongoDB 数据库，通常是利用 APT 包管理器的命令行工具来完成的，但在该包管理器所使用的软件仓库上，我们有以下两种方式。

- 使用 Ubuntu 的官方软件仓库来安装，这种方式不需要对 APT 包管理器进行额外的配置，但安装的通常不是最新版本的 MongoDB。如果我们采用这种方式，需要在 bash 这样的终端中执行以下操作。

```
# 第 1 步：将系统更新到最新状态
sudo apt update && sudo apt upgrade -y
```

```
# 第 2 步：执行安装 MongoDB 的命令
sudo apt install mongodb -y
```

- 使用 MongoDB 提供的官方仓库安装，这种方式一定可以安装到最新版本的 MongoDB，但需要对 APT 包管理器进行额外的配置，过程会略微复杂一些。如果我们采用这种方式，需要在 bash 这样的终端中执行以下操作。

```
# 第 1 步：导入 MongoDB 官方的 APT 公钥
sudo apt-key adv --keyserver hkp://          .ubuntu.com:80 --recv 9DA316203
34BD75D9DCB49F368818C72E52529D4
```

```
# 第 2 步：向 APT 包管理器的软件列表中添加一个 MongoDB 的官方仓库
echo "deb [ arch=amd64 ] https://repo.mongodb.org/apt/ubuntu $(lsb_release
-cs)/mongodb-org/4.0 multiverse" | sudo tee /etc/apt/sources.list.d/mongodb-org-4.0.list
```

```
# 第 3 步：更新包管理器的数据库
```

```
sudo apt update

# 第 4 步：执行安装命令，要安装的软件包名为 mongodb-org
sudo apt install mongodb-org -y

# 或者通过在 = 后面指定版本号来安装特定版本的 MongoDB，例如
sudo apt install -y mongodb-org=4.0.6 mongodb-org-server=4.0.6 mongodb-org-
shell=4.0.6 mongodb-org-mongos=4.0.6 mongodb-org-tools=4.0.6
```

通常情况下，MongoDB 的服务应该会在安装完成时自动启动，我们可以通过 `sudo systemctl status mongodb` 命令来检查该服务的状态。如果该命令返回如图 1-8 所示的信息，就证明 MongoDB 数据库已经被成功地安装到了当前计算机中。

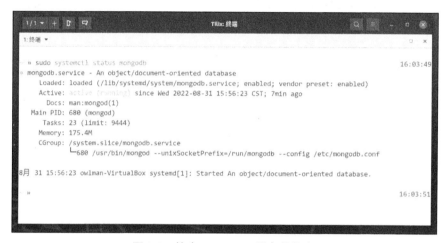

图 1-8　检查 MongoDB 服务的状态

正如读者所见，MongoDB 数据库目前是以 systemd 服务的形式运行在 Ubuntu 系统中的，所以我们在该数据库的日常维护中需要使用以下命令来操作它。

```
# 检查 MongoDB 服务的状态
sudo systemctl status mongodb
# 停止 MongoDB 服务
sudo systemctl stop mongodb
# 启动 MongoDB 服务
sudo systemctl start mongodb
# 重启 MongoDB 服务
sudo systemctl restart mongodb
# 将 MongoDB 服务设置为随系统启动
sudo systemctl disable mongodb
# 将 MongoDB 服务设置为不随系统启动
sudo systemctl enable mongodb
```

1.3.3 关于数据库的容器化

需要特别说明的是，我们在这里介绍的是在开发环境中的数据库安装方式。由于我们在开发环境中会追求对数据库的最大自由配置权，因此通常会采用手动安装和配置的方式来部署数据库。但在生产环境中，我们追求的则是数据库配置的稳定性以及可移植性。所以在生产环境中部署数据库时，人们更多时候会选择使用 Docker 容器的方式。关于这方面的议题，我们将会在本书的第二部分为读者做详细介绍。

第 2 章　服务端开发方案

在这一章中，我们首先会对 Express.js 框架做一个简单的介绍，目的是让读者了解这一类基于 Node.js 平台的服务端应用程序框架及其所能带来的开发优势。然后，我们将分别演示使用 Express.js 框架实现服务端业务逻辑的两种不同方案，并根据"线上简历"这项 Web 应用的具体需求来对新建的项目进行初始化配置和结构安排，目的是借助这一过程让读者了解基于 Express.js 框架来创建项目的基本步骤，以及这些步骤所反映的设计思路。总而言之，在阅读完本章内容之后，我们希望读者能够：

- 了解 Express.js 框架的设计思路及其所具备的核心特性；
- 了解动态页面与 HTTP API 这两种不同的服务端解决方案；
- 掌握使用 Express.js 框架创建 Web 应用程序的基本步骤；
- 初步了解 Express.js 项目的基本配置方法及其该有的组织结构。

2.1　Express.js 框架简介

截止到写作本书时，Express.js 框架通常都被公认是面向 Node.js 平台的、标杆性的服务端应用框架之一，许多其他基于 Node.js 平台的应用程序和框架都是以它为基础来进行开发的。该框架的成功主要来自其小巧而极富弹性的设计特性，这些特性为开发者们快速创建各种基于 HTTP 的服务端应用程序提供了一系列非常便利的条件。下面，就让我们来具体介绍一下 Express.js 框架的设计思路。

2.1.1　小巧而富有弹性

　　为了帮助读者更好地理解 Express.js 框架的设计思路，我们需要先来介绍一下该框架的起源。众所周知，虽然 Node.js 平台在 2009 年 5 月的横空出世将 JavaScript 语言的适用领域扩展到了服务器上，但这也随即带来了一个问题，那就是，如果开发者们只使用 Node.js 平台原生的 API 来开发基于 HTTP 的 Web 应用程序，就只能调用一些非常底层的 API。这意味着，我们在编写应用程序的过程中必须亲手实现诸如处理表单、解析 JSON 数据等许多基本的 Web 功能，甚至在某些情况下还不得不重复实现一些大同小异的功能。这种低效率的"重复发明轮子"的做法[1]是非常不利于在生产环境中解决实际问题的。

　　为了解决上述问题，让基于 Node.js 平台的 Web 应用程序开发变得更高效、更便捷，一位名为 TJ. Holowaychuk[2]的加拿大开发者在 Node.js 平台问世仅仅 4 个月之后，于 2009 年 9 月启动了 Express.js 框架的开发工作，并在 MIT 许可证下将其作为开源项目提供给社会。根据该项目在 GitHub 上的提交历史可知，它首次发行于 2010 年 5 月 22 日，版本号为 0.12.0。

　　在设计思路上，Express.js 框架的最初灵感来自 Sinatra[3]，基本上就是将 Node.js 平台中用于构建 HTTP 服务的 API 按开发 Web 应用程序的需求进行了封装。后来为了赋予 Express.js 框架良好的可扩展性，TJ. Holowaychuk 又基于一个名为 Connect[4]的基础中间件框架对它进行了重构，并于 2009 年 9 月正式发行了 Express.js 框架的 1.0.0 版本。总体而言，Express.js 框架采用的是最小化设计原则，它本身只提供了开发一个 Web 应用程序所需的最基本功能，这些功能主要如下。

- 可针对客户端请求的不同 URL 及其使用的 HTTP 动词来进行响应的路由功能。
- 可像 PHP 等传统动态页面技术一样在服务端动态生成 HTML 页面的渲染引擎。
- 可进行常见 Web 应用程序的设置，例如设置服务端口、渲染响应模板等。
- 可针对各种复杂的客户端请求或数据格式引入相应功能的中间件的可扩展机制。

　　以上功能共同构成了 Express.js 框架的核心特性，是每个学习该框架的开发者必须要了解的。尤其是对于如何利用好可扩展机制所带来的弹性，更是 Express.js 框架的使

---

1 我们曾经在本书的前作《JavaScript 全栈开发》和《Vue.js 全平台前端实战》中都具体演示过这种烦琐的做法，本书也正是为解决这一问题而创作的续作。

2 TJ.Holowaychuk 是加拿大著名的开源作家和软件开发人员，他曾经一度被认为是对 Node.js 社区生态贡献最多的人之一，创建并维护了多个颇受欢迎的 JavaScript 程序库和应用框架，其中许多项目依然活跃在 GitHub 这个开源平台上。

3 Sinatra 是一种基于 Ruby 语言的领域专属语言（Domain-Specific Language，DSL，指的是一种专门针对特定应用领域的计算机语言），主要用于轻松、快速地创建 Web 应用，号称只需要编写 100 行代码就能构建一个功能完善的博客系统。

4 Connect 是一个基于 Node.js 平台的基础中间件框架，其设计灵感来自 Ruby 语言平台中用于构建 HTTP 服务的 API（即 Ruby Rack），该框架与 Express.js 最初的设计有很强的互补性。

用者需要重点解决的问题。下面，我们就趁热打铁地来具体介绍一下中间件可扩展机制。

2.1.2　使用中间件可扩展机制

正如 2.1.1 节所说，对于我们在实际开发中可能需要实现的各种复杂功能，例如处理复杂客户端请求、解析特定的数据格式等，Express.js 框架为开发者提供了一套极富弹性的中间件可扩展机制，以便他们可以通过中间件的形式来对应用程序的功能进行扩展。这让 Express.js 框架成了一个开箱即用、学习曲线平缓的应用程序框架。

换而言之，尽管 Express.js 框架本身遵循的是最小化设计原则，但开发者们可以通过创建各种具有专用功能的中间件来解决几乎所有与 Web 应用程序开发相关的问题。这样一来，我们就可以选择在构建应用的初期先使用 Express.js 框架本身快速搭建一个最基本的 Web 应用程序项目，然后根据该项目实际要采用的数据库、客户端框架以及客户端与服务端之间传输的数据格式来决定要加载的中间件。

当然，这种基于中间件的可扩展机制所带来的弹性有时候也是一把"双刃剑"。虽然我们可以利用各种中间件来解决几乎所有问题，但如何在 Node.js 社区庞大的软件生态系统中找到适合项目需求的中间件扩展包就成了一个不小的挑战。对于这个问题，Express.js 框架的开发团队在其官方网站上提供了一份由他们所推荐的中间件列表[1]。在表 2-1 中，我们列出了其中一些较为常用的中间件。

表 2-1　由 Express.js 官方团队推荐的常用中间件

扩展包名称	功能说明
body-parser	用于解析 HTTP 请求体中的数据
cookie-parser	用于解析 HTTP 请求中附带的 cookie 消息
cookie-session	用于创建基于 cookie 机制的 Session
Morgan	用于记录服务器端接收到的 HTTP 请求
Multer	用于处理客户端上传的各种文件并且将其保存到指定的位置
response-time	用于记录服务器响应 HTTP 请求的时间
Session	用于创建基于服务端的 Session（仅在开发中使用）
Timeout	用于设置 HTTP 请求处理超时的时间
connect-image-optimus	用于优化图片的存储，会尽可能将图片格式转换成 .webp 或 .jxr
express-debug	用于加载可往模板变量、当前 Session 等对象中添加信息的开发工具
Passport	用于使用 OAuth、OpenID 等"认证策略"进行身份验证

需要强调的是，构建应用程序这项工作从来就没有"不二法门"，互联网上的推荐列表和演示实例通常也只能当作参考。如果想要真正地使用好 Express.js 框架及其中间件机制，开发者们最终还是需要到现实的生产环境中去进行项目实践，以累积经验。接

---

[1] 读者也可以通过在 Express.js 官方网站上搜索"Express middleware"关键词来找到这份列表。

下来，就让我们结合具体的项目需求来演示一下如何基于 Express.js 框架及其中间件机制构建 Web 应用程序。

2.2 创建应用程序

在通常情况下，Web 应用程序的服务端开发主要可分为动态页面和 HTTP API 服务两种形式，这两种形式体现出在开发应用程序的服务端业务时截然不同的设计思维。下面，就让我们分别介绍一下如何使用 Express.js 框架来实现这两种不同形式的服务端业务逻辑，并分析它们各自拥有的优势、劣势。

2.2.1 动态页面

在 Web 2.0 概念出现之前，我们使用 PHP、ASP 等构建的传统 Web 应用程序通常使用的都是服务端动态页面技术。这项技术最大的特点是，应用程序的服务端负责动态生成所有的 HTML 页面。也就是说，当我们使用 PHP、ASP 这样的编程语言编写好带有模板变量等占位符的 HTML 模板之后，将由应用程序的服务端来负责获取相关模板变量的值并将其填充到该模板中，以便将其动态渲染成实际可被 Web 浏览器解析的 HTML 页面。而作为应用程序的客户端，Web 浏览器实际上得到的只是一组静态的 HTML+JavaScript+CSS 源代码文件。接下来，就让我们通过一个示例来具体介绍如何基于 Express.js 框架实现动态页面形式的服务端。

2.2.1.1 Hello Express

和许多计算机编程教程一样，本书的首个示例也将是一个类似"Hello World"的简单应用，目的是介绍基于 Express.js 框架构建一个项目的基本方法。因此在该示例中，我们的主要任务是将项目的基本架构搭建起来并引入框架文件，其主要步骤如下。

1. 在某个指定的目录下（本书中所有的项目都会被放在一个名为 code 的目录下）创建一个名为 01_Hello Express 的目录，以作为示例项目的根目录。
2. 在 01_Hello Express 目录下执行 npm init --yes 命令来初始化示例项目。
3. 在 01_Hello Express 目录下执行 npm install express --save 命令将 Express.js 框架安装到示例项目中。
4. 在 01_Hello Express 目录下创建一个名为 index.js 的文件，以作为本示例的程序入口文件，并在其中编写如下代码。

```
// 引入 Express.js 框架
const express = require('express');
// 创建一个 Express.js 应用实例
const app = express();
```

```
// 设置当前 Web 服务的访问端口
const port = 3000;

// 响应客户端对于"/"目录的 HTTP GET 请求
app.get('/', (req, res) => {
    // 设置一个模板变量
    const myName = 'Express';
    // 根据模板变量的值动态生成<h1>标签
    // 并将该标签以字符串的形式返回给客户端
    res.send('<h1>Hello '+myName+'!</h1>');
})

// 设置当前服务启动时要监听的端口以及要执行的动作
app.listen(port, () => {
    console.log(`请访问 http://localhost:${port}/，按"Ctrl+C"键终止服务！`);
})
```

5. 保存所有文件后，在 01_Hello Express 目录下执行 node index.js 命令
   启动 Web 服务，然后在浏览器中访问 http://localhost:3000/ 这个 URL，
   就会看到如图 2-1 所示的页面。

图 2-1　"Hello Express！"页面

通过上述步骤，我们利用 Express.js 框架创建了一个最基本的 Web 应用程序，该应
用程序的服务端只能响应客户端浏览器对"/"位置的 HTTP GET 请求[1]，并返回一个动
态生成的<h1>标签。正如读者所见，我们在这个程序中是使用普通字符串来构建 HTML

---

1 关于 GET、POST 等 HTTP 的请求方法以及它们之间的区别，我们会在 2.2.2 节中做具体介绍。

模板的。这种做法最大的问题在于，它将描述用户界面的代码与控制程序运行的服务端代码高度耦合在了一起，这样不仅会让代码的编写过程极易出错，也会给应用程序的后期维护工作造成无穷无尽的麻烦。这种做法显然是难以满足实际生产环境中的需求的。因此，如果我们想要以动态页面的形式实现服务端业务逻辑，更好的解决方案是先构建独立的模板文件，然后使用专用的模板引擎（template engine）来动态生成 HTML 页面。这就需要我们在 Express.js 项目中以中间件的形式为其安装好可用的服务端模板引擎。下面，就让我们继续以上述示例为基础来介绍模板引擎的安装与使用。

2.2.1.2　使用模板引擎

模板引擎是用来解析指定格式的模板文件，然后动态生成 HTML 页面的一种工具。这个工具负责将应用程序在运行过程中产生的相关数据填充到模板变量等占位符中，以完成动态页面的生成过程，业界称这个过程为渲染（render）。在众多选择中，EJS 和 Jade 是得到了官方支持的、与 Express.js 框架集成度较高的两种模板引擎。鉴于 EJS 在编写模板文件的语法上相较于 Jade 显得更为直观、更易于理解的特点，我们接下来打算以 EJS 为例来演示模板引擎的使用方式，以便能让读者更专注于应用程序本身的业务逻辑实现，而不是花费大量的时间在模板文件的语法上。下面，就让我们回到之前的 01_Hello Express 项目中，继续执行以下操作。

1. 在 01_Hello Express 目录下执行 npm install ejs --save 命令，将与 EJS 模板引擎相关的扩展包安装到项目中。

2. 在 01_Hello Express 目录下创建一个名为 views 的目录，用于存储模板文件。

3. 在刚刚创建的 views 目录中创建一个名为 index.ejs 的 EJS 模板文件，并在其中输入如下代码。

```
<!DOCTYPE html>
<html>
    <head>
        <title>Hello World</title>
    </head>
    <body>
        <%# 注释：下面标签用于条件渲染 %>
        <% if (name) { %>
            <%# 注释：下面标签用于输出模板变量的值 %>
            <h1>Hello <%= name %></h1>
        <% } else { %>
            <h1>Hello World</h1>
        <% } %>
        <%# 注释：下面标签用于循环渲染 %>
        <% messages.forEach(function(item) { %>
```

```
        <p><%= item %></p>
    <% }); %>
    </body>
</html>
```

4. 在 01_Hello Express 目录下重新打开 index.js 文件，并将其代码修改如下（我们会用注释标注出新增的代码及其功能）。

```
const express = require('express');
const app = express();
const port = 3000;

//设置模板引擎为 EJS
app.set('view engine','ejs') ;
//设置项目根路径下的 views 目录为模板文件存放目录
app.set('views', __dirname + '/views') ;

app.get('/', (req, res) => {
    const myName = 'Express';
    // res.send('<h1>Hello '+myName+'!</h1>');
    // 调用模板引擎的渲染方法，该方法需传递两个参数：
    // 第一个参数用于指定存储在 views 目录中的模板文件名，
    // 第二个参数是一个 JSON 格式的对象，用于设置模板变量
    res.render('index',{
        name: myName+' EJS', // 传递模板变量的值
        messages : ['owlman', '2022-3-30']
    }) ;
})

app.listen(port, () => {
    console.log(`请访问 http://localhost:${port}/, 按 "Ctrl+C" 键终止服务！`);
})
```

5. 保存所有文件后，在 01_Hello Express 目录下执行 node index.js 命令重新启动 Web 服务，然后再次在浏览器中访问 http://localhost:3000/ 这个 URL，就会看到如图 2-2 所示的页面。

正如读者所见，EJS 模板文件的编写语法与 PHP、ASP 这一类传统的服务端动态页面脚本语言是非常类似的。EJS 模板文件从整体上看基本上就是一个 HTML 文件，而与模板渲染相关的功能都会通过<% %>标签来实现，其常用的功能标签如下。

- <% '脚本' %>标签：使用 JavaScript 脚本进行条件渲染、循环渲染等流程控制。
- <%= '模板变量' %>标签：将模板变量中的数据输出到该标签在模板文件中的位置上。

- <%# '注释' %>标签：EJS 模板文件中的注释信息，不参与模板文件的渲染。
- -%>标签：用于删除紧随其后的换行符。
- <%_标签：用于删除其前面的空格符。
- _%>标签：用于将结束标签后面的空格符删除。

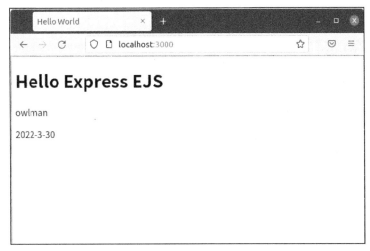

图 2-2 "Hello Express EJS" 页面

由于 EJS 直接采用 JavaScript 来充当它的模板语言，它支持符合 ES6 标准的所有语法和函数调用，所以对于熟悉 HTML 和 JavaScript 的开发者来说，其模板文件就显得非常直观且容易理解了。如果需要的话，我们还可以继续演示如何通过在上述模板文件中再加入更多模板标签来构建出更复杂的页面，但由于动态页面如今已经不是实现应用程序服务端的最佳方法了（我们稍后也会具体解释它不值得推荐的原因），所以在这里就点到为止，不做深入介绍。如果读者有兴趣，可自行参考 EJS 项目的官方文档进行研究。

2.2.2　HTTP API 服务

相信经过之前的介绍，读者也或多或少地看出了动态页面这种服务端开发形式存在着一些局限性。如果我们采用这种形式来开发基于 C/S 架构的应用程序，就意味着服务端不仅要负责数据的增、删、改、查以及与之相关的大规模计算任务，还至少要负责一部分与人机交互相关的任务。这会给应用程序的开发与维护工作带来以下 3 个不利的影响。

- 客户端和服务端都得参与用户界面的构建，这种高耦合度的做法既不利于开发过程中的任务分工，也不利于应用程序后期的维护。

- 由于服务端要负责一部分的页面构建任务，所以用户在客户端上的每个操作可能都意味着要对服务端发出请求，并导致整个页面被刷新，这对于提高应用程序的用户体验是非常不利的。

- 由于服务端动态构建的是 HTML 页面，这就让 Web 浏览器成了客户端唯一的选择。如果想使用 Android/iOS 客户端应用程序，那可能就要另行开发服务端实现了。

随着 AJAX 等 Web 2.0 技术的大量普及，业界针对上述问题提出了 HTTP API 服务这种新的服务端解决方案。这种解决方案主张将构建动态页面的任务完全交付给应用程序的客户端，而服务端所要做的就是监听并解析客户端发来的 HTTP 请求，并根据解析的结果来进行数据的增、删、改、查操作及其相关的大规模计算，然后将得到的结果以某种特定的数据格式返回给客户端，以作为服务端的响应。截至写作本书时，业界面向 HTTP 实现 API 服务的方案主要有 SOAP、XML-RPC 和 REST 这 3 种。因为基于 REST 规范的解决方案相较于另外两种更为简洁，越来越多的 HTTP API 服务都采用该规范来进行设计和实现，例如，亚马逊就基于 REST 规范设计了其用于图书查询的 Web 服务，雅虎提供的 Web 服务也是基于 REST 规范来设计的。接下来，就让我们来具体介绍这一规范。

2.2.2.1 REST 设计规范

REST 这个词是 Representational State Transfer 的英文缩写，在中文中通常被翻译为**表现层状态迁移**，关于这个词的说明如下。

- *表现层*指的是互联网中各种资源实体的表现。例如，文本类型资源的表现形式既可以是 TXT 格式的文件，也可以是直接在应用程序运行过程中生成的字符串；图片类型资源的表现形式既可以是 PNG 格式的文件，也可以是存储在数据库中的一段二进制数据。简而言之，表现层就是指资源在某个具体环境中的表现。具体到 HTTP 中，资源的表现层应该就是我们用来定位资源的统一资源标识符（URI）了。

- *之所以要进行状态转换*，主要是因为 HTTP 是一个无状态协议，这意味着应用程序的客户端在使用 URI 请求相关资源的时候，它并不知道这些资源在其服务端中的具体表现形式。例如，当我们在向服务器请求某个图片资源的时候，事实上不知道，也不需要知道这个图片资源在服务端是一个存储在服务器磁盘上的 PNG 格式的文件，还是存储在数据库中的一段二进制数据。所有的这一切都需要应用程序的服务端来负责对 URI 这种表现形式进行转换，将其转换成指定的资源在服务器上的表现形式，然后才能执行一系列响应客户端请求的操作。

以上所描述的应用程序的服务端针对资源表现形式的整个转换过程及其衍生出来

的程序设计思路，我们称为 REST 设计规范。与 SOAP 本身是一个网络协议不同，基于 REST 规范提出的解决方案本质上只是一套开发者们在编写软件时需要遵守的设计规范，它自身并没有定义任何新的网络协议和数据格式，相反，这套设计规范是建立在 HTTP、URI、XML 和 JSON 等一系列现有的网络协议和数据格式之上的。下面就让我们来看看这套设计规范的具体内容。

首先，应用程序的客户端和服务端在业务逻辑上应该是各自独立的，其具体分工如下。

- 客户端负责的是应用程序与用户的具体交互，它的主要任务是根据用户的操作向服务端请求指定的数据资源，并利用服务端返回的数据为用户提供反馈信息以及良好的应用程序使用体验。
- 服务端负责的则是应用程序的数据存储和数据运算，它的主要任务是监听并响应客户端的请求，且利用服务器资源为用户提供数据库与大规模运算等服务。

其次，客户端与服务端之间只能通过 HTTP 来进行数据交互，并且在交互数据时应该使用 XML 或 JSON 这一类通用数据格式。在交互过程中，客户端在响应用户操作时应该始终以 URI 的形式向其服务端所在的服务器请求服务，并在请求时只使用 HTTP 提供的 GET、POST、PUT 和 DELETE 方法来传递自己的操作意图，这些方法代表的意图如下。

- **GET**：该请求方法主要用于向服务端请求获取由指定 URL 所标识的数据。
- **POST**：该请求方法主要用于向服务端请求创建新的数据，有时也用于向服务端请求修改数据。
- **PUT**：该请求方法主要用于向服务端请求修改由指定 URL 所标识的数据。
- **DELETE**：该请求方法主要用于向服务端请求删除由指定 URL 所标识的数据。

最后，按照 REST 规范来设计并实现应用程序的服务端应该要完成以下基本任务。

- 根据客户端使用的 HTTP 请求方法来判断用户所要传递的操作意图。
- 根据客户端发来的 URL 定位用户要处理的服务端资源。
- 以 HTTP 响应码的形式告知用户操作的结果，并在需要时返回用户所需的资源。

对基于 REST 规范设计的应用程序来说，开发者们在开发和部署它们时通常会获得一系列明显的、相对于其他服务端解决方案的优势。在这里，我们可以简单地将这些优势归纳如下。

- **接口统一**：REST 规范致力于让应用程序的服务端以统一 API 的形式向其各种不同的客户端提供服务，这样就简化了系统架构，降低了客户端与服务端之间的耦合度，以便于程序员们在开发整个应用程序时进行模块化分工。

- **分层系统**：REST 规范有助于开发者们在服务端设计一个基于多台服务器的分层系统服务。这意味着，应用程序的客户端通常不需要知道自己连接的是最终的服务器，还是某台存在于资源请求路径上的缓存服务器。这更有利于我们在部署和维护应用程序时设置更为稳妥的服务器负载策略和其他安全性策略。
- **便于缓存**：正是因为基于 REST 规范设计出来的是一个分层系统，所以我们在从客户端到服务端之间所经过的所有设备上都可以对一些特定的常用数据进行缓存，这种缓存可以在很大程度上提高服务端响应用户操作的速度。例如，我们可以在客户端上对不经常变化的 CSS 文件进行缓存，以减少向服务端发送的请求数量，提升用户界面的加载速度，也可以在服务端某个节点中对经常要执行的数据库查询建立缓存，以提升其响应请求的速度。
- **易于重构**：正是由于实现了客户端与服务端在业务逻辑上的分离，降低了它们之间的耦合度，我们对服务端业务逻辑所进行的任何重构都基本上不会对客户端的实现产生影响，反之亦然。例如我们可以在用 JavaScript 编写的基于 Node.js 运行环境的程序无法满足性能需求时，使用 Python、Go 等更适用于大规模科学运算的编程语言来重构服务端，这种重构不会影响到客户端的实现。

当然，基于 REST 规范的相关设计在具体开发过程中呈现出来的究竟是优势还是劣势，最终还得取决于开发者们的具体实现方法。例如，REST 规范主张基于 HTTP 这种无状态数据传输协议来进行通信，这样做虽然有助于减轻服务器的负担，并让服务端的业务逻辑实现更为独立，但同时也意味着应用程序的服务端无法记录其客户端的运行状态，客户端必须自行利用相关机制（例如 Session 机制）来记录应用程序的运行状态，以便在必要时将运行状态通报给服务端，以减少一些不必要的响应数据。这算是在使用 REST 规范设计应用程序时需要设法解决的一个问题。

最后需要特别说明的是，REST 规范本身只是一种设计应用程序的解决方案，它与我们具体使用的编程语言是无关的。即使是用 PHP 这类传统的服务端编程语言也是可以构建符合 REST 规范的 API 服务的，只不过需要改变一下设计思路，记住现在服务端要响应给客户端的内容通常已经不再是由服务端代码在运行时动态构建的 HTML 页面，而是 JSON、XML 等格式的数据资源。

2.2.2.2　HTTP API 服务设计

好了，想必读者已经对上面这些概念性的长篇大论感到有些不耐烦了，是时候通过示例来具体介绍一下 HTTP API 服务的设计过程了。正如本章开头所说，我们接下来将引导读者构建一个功能较为简单的"线上简历"应用程序，下面就让我们开始基于 REST 规范设计该应用程序的服务端吧。从资源角度来考虑，一个"线上简历"应用程序的数据库中至少应该包含用户（users）和简历（resumes）两张数据表，因此我们在其服务端应该基于 REST 规范为客户端提供如表 2-2 所示的 API。

表 2-2　"线上简历"应用程序的 API 设计

HTTP 请求方法	请求路径	功能说明
POST	/users/session	用于实现用户登录功能
POST	/users/newuser	用于实现新用户注册功能
GET	/users/<用户的 ID>	用于实现用户信息查看功能
PUT	/users/<用户的 ID>	用于实现用户信息修改功能
DELETE	/users/<用户的 ID>	用于实现用户信息删除功能
POST	/resumes/newresume	用于实现添加新简历的功能
GET	/resumes/<简历的 ID>	用于实现简历的查看功能
GET	/resumes/user/<用户的 ID>	用于实现同用户简历的查看功能
GET	/resumes/pdf/<简历的 ID>	用于生成简历的 PDF 版本
PUT	/resumes/<简历的 ID>	用于实现简历的修改功能
DELETE	/resumes/<简历的 ID>	用于实现简历的删除功能
DELETE	/resumes/user/<简历的 ID>	用于实现同用户简历的删除功能

请注意，上述表格中列出的"请求路径"并非完整的 URI。按照 REST 设计规范，完整的 URI 还应该包含调用 API 所使用的通信协议（通常是 HTTP 或 HTTPS）、API 所在服务器的域名与端口号等相关信息。除此之外，如果我们还想兼顾 API 未来被重构之后可能引发的向后兼容问题，会选择在 URI 中加入版本信息[1]。例如，如果我们将 API 部署在 localhost 这个域名下，服务器端口号为 3000，那么客户端想获取用户的 ID 值为 55 的个人信息，客户端发送 HTTP GET 请求时使用的 URI 就应该是 http://localhost:3000/v1.0/users/55。

需要特别说明的是，人们在基于 REST 规范设计 API 时常常会下意识地犯一个设计理念上的错误，那就是将上述 URI 设计成调用服务器函数的"动作"，例如在要获取指定用户的简历时，我们极有可能将 URI 中的请求路径写成类似于/resumes/query?uid=55 这种形式，毕竟我们在使用动态页面技术实现服务端的时候一直都是这样做的。但在 REST 设计规范中，表达调用的动作通常是由 HTTP 请求方法来传递的，URI 只用来指定客户端需要服务端提供的"资源"，所以它应该是一系列的名词，而非动词。

最后，当以上 API 向客户端返回响应数据时，除了必须采用 JSON、XML 等通用数据格式之外，还应该尽可能地使用不同的 HTTP 状态码来清晰地表示服务端服务器不同的响应状态。下面是一些常用的 HTTP 状态码以及它们分别所代表的含义。

- **200 OK**：该状态码表示请求已成功，请求所希望获取的响应头或数据体将随此

---

1 当然，更为规范的做法是在 HTTP 请求头信息的 Accept 字段中指定版本信息。因为 API 的不同版本，也可以被理解成同一种资源的不同表现形式，所以理论上似乎应该采用同一个 URI，但通常在实际生产环境中，这个规范未必能得到严格的遵守。

响应数据返回。

- **201 Created**：该状态码表示请求已被实现，服务端已经依据请求创建了相关数据，并将这些数据的 URI 以 Location 头信息的形式返回给客户端。

- **202 Accepted**：该状态码表示服务端已接收请求，但尚未处理，并且出于某种原因，该请求最终有可能不会被执行。

- **204 No Content**：该状态码表示服务端成功处理了请求，但响应动作没有返回任何内容。

- **205 Reset Content**：该状态码也表示服务端成功处理了请求，但响应动作没有返回任何内容。与 204 状态码不同的是，发送该状态码的响应动作会要求发送请求的客户端重置文档视图。

- **303 See Other**：该状态码表示服务端对当前请求的响应数据可以在另一个 URI 上找到。当服务端响应 POST（PUT/DELETE）请求而返回该状态码时，客户端应该假定服务端已经收到请求，并另行使用 GET 方法执行重定向操作。

- **307 Temporary Redirect**：该状态码表示客户端发送的请求与另一个 URI 重复，但后续的请求应仍使用原始的 URI。

- **400 Bad Request**：该状态码表示由于某种明显的客户端错误（例如，格式错误的请求语法、无效的请求或欺骗性路由请求），导致服务端无法处理或识别请求。

- **403 Forbidden**：该状态码表示服务端已经理解请求，但拒绝处理它。如果不是 HEAD 请求，而且服务端希望说明拒绝处理请求的原因，那么在响应数据内就应该会附带相应的说明信息。

- **404 Not Found**：该状态码表示当前请求所希望得到的数据在服务端不存在或对用户不可见。

- **405 Method Not Allowed**：该状态码表示客户端使用的请求方法不能被用于请求相应的数据。在这种情况下，服务端的响应必须返回一个 Allow 头信息，列出被请求数据能接受的请求方法。

- **406 Not Acceptable**：该状态码表示客户端请求的数据在内容特性上无法满足请求头中的条件，因而服务端无法生成响应实体，自然也就无法处理该请求。

- **408 Request Timeout**：该状态码表示客户端发出的请求已超时。根据 HTTP，如果客户端没有在服务端预设的等待时间内完成一个请求的发送，就需要再次发送这一请求。

- **409 Conflict**：该状态码表示因为客户端发出的请求存在冲突，使得服务端无法处理该请求。

- **410 Gone**：该状态码表示客户端所请求的数据已被服务端有意删除或清理，不可再被使用。

- **411 Length Required**：该状态码表示服务端拒绝在没有定义 Content-Length

头信息的情况下接收客户端的请求。

- **415 Unsupported Media Type**：该状态码表示客户端在请求时所用的互联网媒体类型并不属于服务端所支持的数据格式，因此该请求被拒绝处理。
- **500 Internal Server Error**：该状态码表示的是通用错误消息，即服务端遇到了一个未曾预料到的状况，该状况导致它无法完成对请求的处理。在这种情况下，服务端也无法给出具体的错误信息。
- **501 Not Implemented**：该状态码表示服务端不支持客户端请求的某个功能。
- **502 Bad Gateway**：该状态码表示作为网关或者代理工作的服务器在处理来自客户端的请求时，从上游服务器接收到的是无效的响应数据。
- **503 Service Unavailable**：该状态码表示服务端正在维护或出现了临时过载的问题，无法处理来自客户端的请求。这个状况是暂时的，通常过一段时间就会恢复。
- **504 Gateway Timeout**：该状态码表示作为网关或者代理工作的服务器在处理来自客户端的请求时，未能及时从上游服务器或辅助服务器（例如 DNS）收到响应数据。
- **505 HTTP Version Not Supported**：该状态码表示服务端不支持或拒绝支持客户端在发送请求时使用的 HTTP 版本。

2.3 项目实践

从本章开始，我们在每一章的末尾都会设这样一个"项目实践"单元，用于演示如何在具体的项目中实际运用当前学习到的知识点，以帮助读者进一步巩固学习成果。具体到这一节，我们接下来会先带领读者将开发"线上简历"应用程序的项目构建起来，然后具体演示如何使用 Express.js 框架来完成之前在 2.2.2.2 节中所描绘的 HTTP API 服务的设计工作。

2.3.1 创建项目

在之前的 `01_Hello Express` 项目中，为了让读者了解 Express.js 项目该有的基本结构，我们采用手动的方式逐步演示了如何从无到有地构建一个基于 Express.js 框架的、开发 C/S 应用程序的项目。而在实际生产环境中，开发者们通常会使用自动化构建工具来完成此类任务，以标准化的方式快速地搭建起一个项目的基本结构。下面，就让我们来演示一下使用这种方式创建 Express.js 项目的具体步骤。

1. 首先要做的是安装 Express.js 项目的自动化构建工具。为此，我们需要打开终端程序，并在任意目录下执行 `sudo npm install express-generator --global` 命令。如果一切顺利，当我们继续在终端中执行 `express --help`

命令之后，就会看到如何使用该自动化构建工具的帮助信息。

```
$ express --help
```

使用方法：cxpress [选项参数] [目录名称]

选项参数：

```
  -h, --help              输出使用方法
      --version           输出版本号
  -e, --ejs               添加对 ejs 模板引擎的支持
      --hbs               添加对 handlebars 模板引擎的支持
      --pug               添加对 pug 模板引擎的支持
  -H, --hogan             添加对 hogan.js 模板引擎的支持
      --no-view           创建不带视图引擎的项目
  -v, --view <engine>     添加对视图引擎（view）
     <engine> 的支持 (ejs|hbs|hjs|jade|pug|twig|vash)（默认是 jade 模板引擎）
  -c, --css <engine>      添加样式表引擎
     <engine> 的支持 (less|stylus|compass|sass)（默认是普通的 CSS 文件）
      --git               添加 .gitignore
  -f, --force             强制在非空目录下创建
```

2. 使用终端程序进入我们之前约定用于存放项目的 code 目录中，并执行
express --no-view 02_onlineResumes 命令，就会看到该自动化构建工
具在构建项目的过程中创建的一系列目录与文件。

```
$ express --no-view 02_onlineResumes

    create 02_onlineResumes/
    create 02_onlineResumes/public/
    create 02_onlineResumes/public/javascripts/
    create 02_onlineResumes/public/images/
    create 02_onlineResumes/public/stylesheets/
    create 02_onlineResumes/public/stylesheets/style.css
    create 02_onlineResumes/routes/
    create 02_onlineResumes/routes/index.js
    create 02_onlineResumes/routes/users.js
    create 02_onlineResumes/public/index.html
    create 02_onlineResumes/app.js
    create 02_onlineResumes/package.json
    create 02_onlineResumes/bin/
    create 02_onlineResumes/bin/www
```

3. 使用终端程序进入 02_onlineResumes 目录中，并执行 npm install 命令安
装项目所需的中间件扩展包。如果一切顺利，我们就会看到一个如下结构的项目。

```
02_onlineResumes
├── app.js          # 应用程序的入口文件
├── bin             # 用于存放前端文件的目录
├── node_modules    # 用于存放中间件扩展包的目录
├── package.json    # NPM 包管理器的配置文件
├── public          # 用于存放静态资源文件的目录
└── routes          # 用于存放处理不同 HTTP 请求的模块目录
```

2.3.2 项目分析

下面，让我们来初步讲解一下这个由自动化构建工具生成的项目。在讲解过程中，我们会在相关的源代码文件中加入一系列注释信息，以帮助读者进一步了解标准的 Express.js 项目应该有的样子。首先来看 Express.js 框架的入口文件 app.js。

```
// 引入 Express.js 框架
const express = require('express');
// 引入 Node.js 平台内置的 path 模块
// 用于处理文件路径相关的任务
const path = require('path');
// 引入 cookie-parser 功能模块的中间件
// 用于解析 HTTP 请求中附带的 cookie 消息
const cookieParser = require('cookie-parser');
// 引入 morgan 日志功能模块的中间件
// 用于记录服务器端接收到的 HTTP 请求
const logger = require('morgan');

// 引入存储在 routes 目录中的自定义模块
const indexRouter = require('./routes/index');
const usersRouter = require('./routes/users');

// 创建一个 Express.js 应用实例
const app = express();

// 加载 morgan 中间件
// 将日志设置为开发者模式
app.use(logger('dev'));
// express.json() 会加载 Express.js 中的内置中间件 json
// 该中间件可用于解析 HTTP 请求中的 JSON 格式数据
app.use(express.json());
// express.urlencoded() 会加载 Express.js 中的内置中间件 urlencoded
// 该中间件可用于解析 HTTP 请求中的 url-encoded 格式数据
// 当 extended=false 时采用 querystring 模块，无法解析嵌套数据
app.use(express.urlencoded({ extended: false }));
// 加载 cookie-parser 中间件
```

```
app.use(cookieParser());
// 将 public 目录设置为静态资源目录
app.use(express.static(path.join(__dirname, 'public')));

// 将客户端请求路径映射到相应的自定义模块上
app.use('/', indexRouter);
app.use('/users', usersRouter);

// 将 Express.js 实例设置为导出模块
module.exports = app;
```

　　在上述代码中，我们首先引入了应用程序所需要的框架、中间件和自定义模块。然后我们对应用程序的服务端进行了配置，设置好了日志格式和静态资源目录，并根据要解析的数据加载了相应的内置中间件和第三方中间件。最后，我们将不同的请求路径映射到了相应的自定义模块上，以便对客户端的请求做出具体的响应动作。在这一部分源代码中，我们主要的任务是学习使用 app.use() 方法来进行应用程序的服务端配置。下面，让我们来介绍一下这个方法。

　　app.use() 是 Express 应用实例的方法，主要用于通过在指定路径上调用 Express.js 框架的内置中间件、第三方中间件或自定义模块来完成对应用程序服务端的配置。我们在调用该方法时需提供以下实参。

- **path 参数**：这是一个可选参数，如果在调用 app.use() 方法时不提供该参数，则默认路径为项目的根目录。该参数的值可以是标识某单一路径的字符串，也可以是用于匹配某一组路径的路径模式、正则表达式和数组。

- **callback 参数**：这是调用 app.use() 方法时必须要提供的参数，它的值既可以是一个或多个回调函数（多个函数之间用逗号隔开），也可以是一个元素类型为回调函数的数组，每个回调函数都用于加载某种功能的中间件或自定义模块。

　　在 app.js 文件的最后，我们将客户端针对不同路径的 HTTP 请求分别映射到了两个自定义模块上。目前，这两个自定义模块也是我们在创建项目时使用自动化构建工具生成的，它们的源代码文件被存储在 routes 目录中，内容大同小异。下面，我们就以 index.js 源代码文件为例带领读者了解自定义模块的标准写法。

```
// 引入 Express.js 框架
const express = require('express');
// 创建路由器中间件的实例
const router = express.Router();

// 响应客户端对于 "/" 目录的 HTTP GET 请求
router.get('/', function(req, res, next) {
```

```
    res.render('index', { title: 'Express' });
});
```

```
// 将路由器中间件设置为导出模块
module.exports = router;
```

在上述代码中，自定义模块所做的主要工作就是先调用 express.Router()方法创建一个路由器中间件，然后用该中间件来解析并响应来自客户端的 HTTP 请求。读者应该还记得，在之前的 01_Hello Express 项目中，我们是直接调用 app.get()方法来解析来自客户端的 HTTP GET 请求的，类似的常用方法还有 app.post()、app.put()和app.delete()，它们分别用于解析 HTTP 的 POST、PUT 和 DELETE 请求[1]，都属于内置在 Express 应用实例中的路由方法。我们在调用这些方法时需提供以下实参。

- **path 参数**：该参数用于匹配客户端所请求资源的路径，它的值可以是标识某单一路径的字符串，也可以是用于匹配某一组路径的路径模式或正则表达式。
- **callback 参数**：该参数用于设置如何解析并响应客户端的请求，它的值既可以是一个或多个回调函数（多个函数之间用逗号隔开），也可以是一个元素类型为回调函数的数组。这些回调函数通常设有 3 个参数：第一个参数用于接收并解析来自客户端的请求信息，其中包含表单数据、查询参数以及 cookie 信息等；第二个参数则用于将服务端的信息响应给客户端，例如在上述代码中res.render()方法的作用就是按照指定的 index 模板渲染页面，并将其响应给客户端；第三个参数是可选的，当我们设有多个回调函数时，可使用该参数向后一个回调函数移交处理权。

当然，如果我们直接使用 Express 应用实例的路由方法，就意味着必须将针对客户端所有请求的响应代码都写在一起，这非常不利于项目的模块化分工以及后期的维护工作。为了解决这个问题，Express.js 框架中内置了一个专用于处理路由任务的中间件，我们之前使用 express.Router()方法创建的就是该中间件的实例，它支持我们之前介绍过的所有路由方法，调用时所需提供的参数也基本相同。

2.3.3　添加 API

接下来，我们的任务就是参照之前在 2.2.2.2 节中所实现的 API 设计，具体使用 Express.js 框架的路由方法为应用程序的服务端添加 API。为此，我们需要回到 02_onlineResumes 项目中继续执行以下操作。

---

1 Express.js 框架支持对应于 HTTP 请求方法的以下路由方法：app.get()、post、put、head、delete、options、trace、copy、lock、mkcol、move、purge、propfind、proppatch、unlock、report、mkactivity、checkout、merge、m-search、notify、subscribe、unsubscribe、patch、search 和 connect，读者如果想了解更详细的信息，可自行查阅该框架的官方文档。

1. 在 02_onlineResumes/routes 目录下打开 users.js 文件，并将其代码修改如下。

```
const express = require('express');
const router = express.Router();

// 用户注册
router.post('/newuser', function(req, res, next) {
    res.send('用户注册');
});

// 用户登录
router.post('/session', function(req, res, next) {
    res.send('用户登录');
});

// 查看用户信息
router.get('/:id', function(req, res, next) {
    res.send(`查看用户${req.params.id}的信息`);
});

// 修改用户信息
router.put('/:id', function(req, res, next) {
    res.send(`修改用户${req.params.id}的信息`);
});

// 删除用户信息
router.delete('/:id', function(req, res, next) {
    res.send(`删除用户${req.params.id}的信息`);
});

module.exports = router;
```

2. 在 02_onlineResumes/routes 目录下打开 resumes.js 文件，并在其中输入如下代码。

```
const express = require('express');
const router = express.Router();

// 添加新的简历
router.post('/newresume', function(req, res, next) {
    res.send('添加新的简历');
});

// 查看指定用户的所有简历
```

```
router.get('/user/:id', function(req, res, next) {
    res.send(`查看用户${req.params.id}的简历`);
});

// 查看指定简历的数据
router.get('/:id', function(req, res, next) {
    res.send(`查看用户${req.params.id}简历的 PDF 版本`);
});

// 查看指定简历的 PDF 版本
router.get('/pdf/:id', function(req, res, next) {
    res.send(`查看用户${req.params.id}简历的 PDF 版本`);
});


// 修改用户简历
router.put('/:id', function(req, res, next) {
    res.send(`修改用户${req.params.id}的简历`);
});

// 删除指定用户的所有简历
router.delete('/user/:id', function(req, res, next) {
    res.send(`删除用户${req.params.id}的简历`);
});

// 删除指定的简历
router.delete('/:id', function(req, res, next) {
    res.send(`删除用户${req.params.id}的简历`);
});

module.exports = router;
```

3. 在 02_onlineResumes 目录下打开 app.js 入口文件，并将 resumes.js 文件定义的模块添加进去，并设置其要处理的请求路径。（请参考如下代码中的注释。）

```
const express = require('express');
const path = require('path');
const cookieParser = require('cookie-parser');
const logger = require('morgan');

const indexRouter = require('./routes/index');
const usersRouter = require('./routes/users');
// 引入存储在 routes 目录中的 resumes 模块
const resumesRouter = require('./routes/resumes');

const app = express();
```

```
app.use(logger('dev'));
app.use(express.json());
app.use(express.urlencoded({ extended: false }));
app.use(cookieParser());
app.use(express.static(path.join(__dirname, 'public')));

app.use('/', indexRouter);
app.use('/users', usersRouter);
// 设置 resumes 模块要处理的请求路径
app.use('/resumes', resumesRouter);

module.exports = app;
```

　　在上述代码中，读者需要特别注意一件事，即当我们在自定义模块中调用路由方法时，提供给 path 参数的路径模式要匹配的是一个相对于当前模块的相对路径。例如，当用户在客户端发起一个 URI 为 http://localhost:3000/users/10 的 GET 请求时，app.js 入口文件会自动根据我们之前的设置将所有路径部分以/users 开头的请求交给由 users.js 文件定义的模块来处理。而在该自定义模块中，我们在调用路由方法时只需要继续匹配 URI 的剩余部分（即/10），以获取用户的 ID 即可。

　　最后，如果上述操作一切正常，并保存所有文件后，我们就只需在 02_onlineResumes 目录下执行 npm start 命令启动该应用程序的服务端，然后在浏览器中访问 http://localhost:3000/users/10 这个 URI，就会看到如图 2-3 所示的页面。

图 2-3　API 调用示例页面

　　当然，我们目前只完成了应用程序服务端的 API 设计，并没有具体实现这些 API 的具体功能。下一步，我们将从数据库的设计开始，具体探讨如何实现服务端的具体业务逻辑。

第 3 章　数据库接口设计

在这一章中，我们将介绍数据库在服务端开发工作中所扮演的角色，以及它在 Express.js 框架中的使用方式。在介绍过程中，我们会分别基于关系数据库与非关系数据库的特点来探讨数据库的接口设计，并以 MySQL、MongoDB 这两种不同类型的数据库为例来演示如何在服务端项目中设计并实现访问这些数据库的 API。希望在阅读完这一章内容之后，读者能够：

- 了解数据库的基本概念及其在服务端开发工作中所扮演的角色；
- 掌握如何在 Express.js 框架中使用 MySQL 这样的关系数据库；
- 掌握如何在 Express.js 框架中使用 MongoDB 这样的非关系数据库。

3.1　数据库概述

如今，我们常用"信息时代"这 4 个字来定义自己所生活的时代。这个时代基本的特征之一就是人们每天都要处理并传递海量的信息，数据是信息在计算机设备中最基本的存储单元。数据包含数字、文字、图像、音频和视频等多种形式，它们通常在计算机中各有各的编码和存储方式，非常不利于进行成规模的统一处理。为了消除这一不利因素，人们发明出了**数据库**（**database**）这一专用的数据存储方式，以便用某种统一的结构化形式来存储海量的数据。下面，就让我们先来介绍一下这种统一存储数据的结构。

3.1.1　数据库的存储结构

从概念上来说，对数据存储结构主要有物理和逻辑两个不同层面的表述形式，其中，数据在物理层面上的表述形式定义的是它在计算机存储设备上的存储方式，主要记录的是数据在存储设备中所占的空间大小和存储位置。在这种表述形式中，人们通常会用到以下术语。

- **位（bit）**：这是数据在物理层面上的最小存储单位，指的是单个二进制数字在存储设备中所占的空间大小。
- **字节（byte）**：8 位的数据所占的存储空间可称为 1 字节，通常对应的是 1 个 ASCII 码字符。
- **字（word）**：若干字节的数据所占的存储空间可称为 1 个字。1 个字所含的二进制位数被称为字长，不同的计算机的字长是不同的，如今常见的计算机字长有 16 位、32 位、64 位、128 位等。
- **块（block）**：这是内存储器和外存储器交换信息的最小单位，大小通常为 256 字节或 512 字节、1024 字节等。
- **卷（volume）**：这是 1 台输入输出设备所能装载的全部有用信息，例如我们既可以将磁带机的 1 盘磁带视为 1 卷，也可以将磁盘设备的 1 个盘组视为 1 卷。

而数据在逻辑层面的表述形式则是在定义人们在计算机中操作数据的方式，它的内容主要包含两个层次，一个层次是对现实世界的抽象化描述，另一个层次则是对数据库管理系统的技术支持。在这种表述形式中，人们通常会用到以下术语。

- **实体（entity）**：该术语主要用于描述现实世界中客观存在的东西，它既可以表示具体的、有形的对象，也可以表示抽象的、无形的对象。例如书、简历都可以被视为一个实体。
- **属性（attribute）**：该术语主要用于描述数据实体的各种特性，例如，书作为一个数据实体应该包括书名、书号、作者、出版社、出版日期、页数、价格等属性。
- **实体集（entities）**：该术语主要用于描述由属性完全相同的同类实体所组成的集合。例如，图书馆中所有的图书可被视为一个实体集，档案库中所有人的简历也可以被视为一个实体集。
- **标识符（identifier）**：该术语主要指的是可用于在实体集中唯一地标识每个实体的属性或属性集。例如，书号属性就是书这个实体的标识符。

我们可以通过上述两种表述形式来表述现实世界中的数据在数据库中的存储结构，从而实现对这些数据统一而有效的存储。而对于数据库中数据的具体操纵和管理，我们就需要借助于另一种被称作**数据库管理系统（Database Management System，DBMS）** 的大型软件系统来完成，该软件系统能帮助人们像管理货物仓库中的货物一样来对数据库进行统一的管理，并保证数据在整个处理过程中的安全性和完整性。它可以支持多个应用程序和用户用不同的方法在相同时刻或不同时刻去建立、修改和询问数据库。

3.1.2　数据库的逻辑设计

在基于 C/S 架构的应用程序中，对数据库的操作通常被视为服务端业务的一部分，用户往往只能利用应用程序的客户端向其服务端发送处理某些特定数据的请求，而服务端的 API 在接收到请求之后，才会根据其解析到的客户端请求去访问数据库，并完成指定数据的增、删、改、查操作，其流程如图 3-1 所示。换而言之，应用程序的客户端与数据库之间并不是直接联系的，无论是客户端发送的请求数据，还是服务端要返回的响应数据，它们通常都是要交由服务端的 API 进行某种加工处理的，所以如何根据服务端业务的需求来安排数据在数据库中的存储结构就成了数据库设计工作中的主要任务。下面，就让我们来具体探讨一下数据库的逻辑设计这一工作的具体内容。

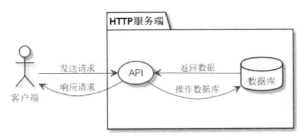

图 3-1　客户端对数据库的间接操作

众所周知，计算机编程这项工作的本质就是将人们在现实世界中可以用中文、英文、阿拉伯文等自然语言描述的客观事物抽象成某种在计算机中可被编码的数据实体。例如在现实世界中，我们描述某个人的简历时应该会提供这份简历的编号和这个人的姓名、性别、年龄、教育经历、工作经历、电子邮件、联系电话等信息，那么到了数据库中，我们需要做的就是在计算机中抽象化出一个以这些信息为属性的数据实体。然后，服务端在获取到该数据实体时就会自动将其识别为一份属于某个人的简历数据，并在其符合查询要求时打包成响应数据返回给客户端。而客户端在拿到这份简历数据之后，就会自行将它们填充到指定的简历模板中，呈现给用户一个完整可用的简历文档。所以，我们设计"线上简历"应用的第一步就是要按照用于描述简历这个实体的各项属性来设计它在数据库中的存储结构。

然而，如果我们只按照上述属性来设计简历在数据库中的存储结构，很快就会遇到亟待解决的问题，那就是实体的某部分属性本身也是一个包含若干属性的实体，例如对于其教育经历属性，它本身也需要通过学校、专业、学位以及毕业年份等属性来描述。同样地，其工作经历属性也需要通过工作单位、工作岗位、入职年份与离职年份等属性来描述，它们在数据库中的存储结构应该被设计成简历主数据的子数据。例如，对于某个叫张三的人来说，其简历的主数据与子数据在数据库中的存储结构应大致上如图 3-2 所示的那样。

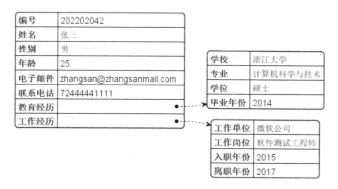

图 3-2　张三简历的数据存储结构

当然，在具体如何实现上述主数据和子数据的存储结构问题上，当前主要有关系数据库与非关系数据库这两类解决方案可供选择。下面，就让我们分别以 MySQL 和 MongoDB 这两种具有代表性的数据库为例来介绍这两类解决方案，以及它们在 Express.js 项目中的运用。

3.2　关系数据库

关系数据库是以关系代数和集合论为理论基础来设计的数据管理系统，诞生于 20 世纪 70 年代。在 MongoDB、Redis 这类非关系数据库出现之前，我们在实际开发中使用的绝大部分数据库，譬如企业级应用开发中常用的 Oracle、DB2，开源社区常用的 MySQL、PostgreSQL 以及嵌入式程序开发中常用的 SQLite3 等都属于关系数据库。

3.2.1　在数据之间建立关系

在关系数据库中，我们通常会用**表（table）**的结构来存储由属性系统的数据实体，表中的各个**字段（field）**对应的就是用于描述数据实体的各项属性。而该数据集中的每一条数据也就成了表中的每一行**记录（record）**。然后，我们要做的就是使用设置**键值（key-value）**字段等方式在数据表之间建立起某种关联，以表示不同数据集之间的**关系（relation）**。例如对于 3.1 节中提到的简历这个实体，我们在关系数据库中通常会先将它的主数据和子数据的存储结构分别设计成 resumes、education 和 professional 这 3 张表，然后为其中代表子数据的 education 和 professional 这两张表各自增加一个可用作标识符的字段，以便在它们与代表主数据的表之间建立起关系，即在

resumes 表中,"教育经历"和"工作经历"这两个字段的值就变成了相关子数据在对应表中的唯一标识,这样 3 张表之间的关系就建立起来了。例如,张三的简历数据在关系数据库中的存储结构应该如图 3-3 所示。

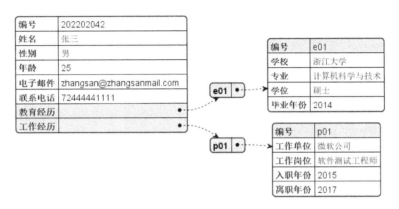

图 3-3 关系数据库设计示例

如你所见,在上述数据库设计中,我们首先为 education 和 professional 这两张表各增加了一个名为"编号"的标识符字段,以作为它们各自的键值。然后,我们在 resumes 表中只需要在"教育经历"和"工作经历"字段中分别填入相应的编号值(考虑到每个人可能都有多个学历和工作经历,所以这里应该是可以填写多个编号值的),就可以建立起这 3 张数据表之间的关系了。接下来,我们也就可以根据这些数据表结构和它们之间的关系来对数据库进行操作了。

3.2.2 使用 Knex.js 框架

通常情况下,关系数据库中的数据操作都是通过 SQL 完成的。SQL 是 Structured Query Language(中文名为"结构查询语言")的缩写,这是一门专用于管理关系数据库,并对其中的数据进行增、删、改、查操作的计算机语言。目前主流的关系数据库都提供了对 SQL 的支持,并且也都各自做了相应的扩展。然而在实际的项目中,我们会发现即使是那些熟悉 SQL 的程序员,他们也并不那么愿意直接在基于 Node.js 运行平台的 JavaScript 代码中编写 SQL 语句,因为这样做不仅极易出错,而且会严重影响代码的可读性和可维护性,所以他们通常都会希望将执行 SQL 语句的操作封装成可重复使用的独立接口。基于这样的需求,Node.js 社区开发出了许许多多专用于操作关系数据库的第三方框架,使我们可以像调用普通 JavaScript 函数一样操作关系数据库。接下来,我们就以 Knex.js 这个具有代表性的、操作关系数据库的第三方框架为例来演示如何在基于 Express.js 框架的项目中使用 MySQL 数据库。

        首先，我们需要回到之前的 02_onlineResumes 项目中，并在该项目的根目录下执行 npm install knex --save 命令安装 Knex.js 框架。而又因为 Knex.js 框架是通过 mysql 这个扩展包来实现对 MySQL 数据的操作的，所以我们还必须为该项目安装相应版本的 mysql 扩展包，接下来需要通过执行 npm install mysql --save 命令来安装它。

        在以上项目配置工作完成之后，我们接下来需要在 02_onlineResumes 项目的 routes 目录下创建一个名为 useMysql 的模块目录，并在该目录下创建一个名为 index.js 的文件，然后试着在其中引入 Knex.js 框架，看看它是否已处于可用状态。

```
// 引入 Knex.js 框架
const knex = require('knex');
```

        在保存上述代码之后，如果我们在该模块目录下执行 node index.js 命令后没有收到任何报错信息，就说明 Knex.js 框架安装成功并已处于可用状态了。也就是说，我们现在可以使用 Knex.js 框架提供的 API 来操作 MySQL 数据库了。例如，我们可以接着上面的代码这样写。

```
// 创建数据库连接对象
const MyDB = knex({
    client: 'mysql',              // 指定 knex 要操作的数据库为 MySQL
    connection: {
        host : '127.0.0.1',       // 设置数据库所在的服务器地址
        user : 'your_username',  // 设置登录数据库的用户名
        password : 'your_password',// 设置登录数据库的密码
        database : 'online_resumes' // 设置要操作的数据库名称
    }
});
```

        在上面这段代码中，我们用 Knex.js 框架创建了一个 MySQL 数据库的连接对象。具体来说就是将 require() 函数返回的模块对象 knex 视为一个构造函数，并用它来创建数据库的连接对象。该构造函数会接收一个 JSON 格式的数据对象作为实参，用于设置创建该连接对象所需要的各项参数。首先是 client，该参数指定的是连接对象所要连接的是哪一种数据库，我们在这里设置的是 mysql。除此之外，Knex 库也可用于连接 SQLite3、PostgreSQL 等其他数据库（当然，和连接 MySQL 数据库必须安装 mysql 扩展包一样，如果我们想连接其他数据库，也必须要安装相应的扩展包，因为 Knex.js 框架必须依赖它们才能正常运作）。

        下一个要设置的参数是 connection，该参数本身也是一个 JSON 格式的数据对象，作用是指定连接对象在实际连接数据库时所要使用的参数，因此其内容取决于我们之前在 client 参数中指定的是哪一种数据库。例如，这里要连接的是 MySQL 数据库，这是一种服务器型数据库，就需要指定这个数据库所在的服务器地址，以及登录该数据库

服务器所需的用户名、密码和默认的数据库名称等参数。

通常情况下，以上两个参数是用 Knex.js 框架创建数据库连接对象时必须要设置的。除此之外，我们还可以根据要连接的数据和其他具体情况来设置一些可选参数，常见的可选参数如下。

- **debug 参数**：该参数是一个布尔类型的值，用于设置是否开启调试模式，默认值为 true，即表示开启。
- **pool 参数**：该参数是一个 JSON 类型的值，用于设置数据库连接池的大小，默认情况下最大为 10，最小为 2。
- **acquireConnectionTimeout 参数**：该参数是一个 date 类型的值，通常应用于连接服务器型的数据库，作用是设置判断连接超时的依据，单位为毫秒，默认值为 60000。
- **asyncStackTraces 参数**：该参数是一个布尔类型的值，用于设置是否对当前连接对象上的所有操作进行堆栈追踪，以便调试并排除错误，默认值为 false，即表示关闭。由于打开堆栈追踪会对程序的执行性能产生不小的影响，所以我们建议只在开发/调试阶段打开它。

需要说明的是，以上只是笔者个人认为在使用 Knex.js 框架创建数据库连接对象时常用的参数，如果读者希望了解所有可设置的参数，还需要查阅该框架的官方文档。在连接上数据库之后，就可以执行具体的数据库操作了。总体而言，Knex.js 框架提供的数据库 API 主要可分为两类，第一类 API 的功能是管理关系数据库中的表等存储结构，主要是通过之前所创建的连接对象的 schema 子对象来实现的。schema 子对象提供的常用接口如下。

- **hasTable()方法**：该方法的作用是查看指定的数据表是否已经存在于数据库中。它接收两个实参：第一个实参是用于指定数据表名称的字符串；第二个实参是用于处理查看结果的回调函数。该回调函数会接收一个布尔类型的实参，当被查看的数据表存在于数据库中时，该实参的值为 true，反之则为 false。
- **createTable()方法和 createTableIfNotExists()方法**：这两个方法的作用都是在数据库中创建指定的数据表，它们唯一的区别是 createTableIfNotExists()方法会先检查指定的数据表是否已经存在于数据库中，如果已经存在，就终止后续操作。这两个方法的调用方法是一致的，它们都接收两个实参：第一个实参是用于指定数据表名称的字符串；第二个实参是用于创建数据表的回调函数，该回调函数会接收一个数据表类型的实参，我们可以调用该实参的下列方法来创建表中的字段。
  - **increments(name)**：在数据表中创建名称为 name 值的自增字段。
  - **integer(name)**：在数据表中创建名称为 name 值的 int 类型字段。

- **bigInteger(name)**：在数据表中创建名称为 name 值的 bigInt 类型字段。
- **text(name)**：在数据表中创建名称为 name 值的文本类型字段。
- **string(name)**：在数据表中创建名称为 name 值的字符串类型字段，默认长度为 255 字符。
- **float(name)**：在数据表中创建名称为 name 值的浮点类型字段。
- **boolean(name)**：在数据表中创建名称为 name 值的布尔类型字段。
- **date(name)**：在数据表中创建名称为 name 值的 date 类型字段。
- **dateTime(name)**：在数据表中创建名称为 name 值的 dateTime 类型字段。
- **time(name)**：在数据表中创建名称为 name 值的 time 类型字段。

- **renameTable()方法**：该方法的作用是在数据库中修改指定数据表的名称。它接收两个字符串类型的实参：第一个实参用于指定数据表的现有名称；第二个实参用于指定数据表的新名称。

- **dropTable()方法和 dropTableIfExists()方法**：这两个方法的作用都是在数据库中删除指定的数据表，它们唯一的区别是 dropTableIfExists() 方法会先检查指定的数据表是否存在于数据库中，如果不存在，就终止后续操作。这两个方法的调用方法是一致的，它们都接收一个字符串类型的实参，用于指定要删除数据表的名称。

- **hasColumn()方法**：该方法的作用是查看指定的数据表中是否存在指定的字段。它接收两个字符串类型的实参：第一个实参用于指定被查看的数据表；第二个实参用于指定被查看的字段。

- **alterTable()方法**：该方法的作用是修改数据库中指定数据表的结构。它接收两个实参：第一个实参是用于指定数据表名称的字符串；第二个实参是用于修改数据表的回调函数，该回调函数会接收一个数据表类型的实参，该实参的用法与创建数据表时是一样的，我们只需要用那些数据表对象的方法重新指定数据表结构即可。

例如，如果我们想利用 Knex.js 框架在 MySQL 数据库中创建我们之前根据简历数据的特征创建的 resumes、education 和 professional 这 3 张表，就可以回到之前创建的 index.js 文件中，并添加如下代码。

```
MyDB.schema.hasTable('resumes')  // 查看数据库中是否已经存在 resumes 表
.then(function(exists) {
  if(exists == false) {
    // 如果 resumes 表不存在就创建它
    return MyDB.schema.createTable('resumes', function(table) {
```

```
        // 创建 resumes 表
        // 将 cv_id 设置为类型为 bigInt 的主键字段
        table.bigInteger('cv_id').primary();
        table.string('name');        // 将 name 设置为字符串类型的字段
        table.string('gender');      // 将 gender 设置为字符串类型的字段
        table.string('age');         // 将 age 设置为字符串类型的字段
        table.string('phone');       // 将 phone 设置为字符串类型的字段
        table.string('email');       // 将 email 设置为字符串类型的字段
        table.string('education');   // 将 education 设置为字符串类型的字段
        table.string('professional'); // 将 professional 设置为字符串类型的字段
    });
  }
});

MyDB.schema.hasTable('education')   // 查看数据库中是否已经存在 education 表
.then(function(exists) {
  if(exists == false) {
    // 如果 education 表不存在就创建它
    return MyDB.schema.createTable('education', function(table) {
      // 创建 education 表
      // 将 edu_id 设置为类型为字符串的主键字段
      table.bigInteger('edu_id').primary();
      table.string('school');        // 将 school 设置为字符串类型的字段
      table.string('major');         // 将 major 设置为字符串类型的字段
      table.string('degree');        // 将 degree 设置为字符串类型的字段
      table.date('graduation');      // 将 graduation 设置为 date 类型的字段
    });
  }
});

MyDB.schema.hasTable('professional') // 查看数据库中是否已经存在 professional 表
.then(function(exists) {
  if(exists == false) {
    // 如果 professional 表不存在就创建它
    return MyDB.schema.createTable('professional', function(table) {
      // 创建 professional 表
      // 将 pro_id 设置为类型为字符串的主键字段
      table.bigInteger('pro_id').primary();
      table.string('company');       // 将 company 设置为字符串类型的字段
      table.string('title');         // 将 title 设置为字符串类型的字段
      table.date('startingDate');    // 将 startingDate 设置为 date 类型的字段
      table.date('endingDate');      // 将 endingDate 设置为 date 类型的字段
    });
  }
});
```

Knex.js 框架提供的第二类 API 的功能是对数据表中存储的具体数据进行增、删、改、查操作。这类 API 的使用方式与 JQuery 库的非常类似，是以一种 Promise 对象链式调用的方式来进行的。首先，我们可以直接在数据库连接对象上使用括号加字符串的方式选择要操作的数据表，例如，如果想操作数据库连接对象 MyDB 上的 resumes，就可以这样做：

```
MyDB('resumes')
```

由于这个调用返回的是一个 Promise 对象，所以我们可以根据要执行的操作直接在该调用的返回值上调用以下方法。

- **select()方法**：该方法的作用是查询数据表中指定字段中的数据。它接收一个字符串类型的实参，用于指定要查询的字段名称。如果需要列出多个字段，就将这些字段名称之间用英文逗号分隔开。如果要查询的是数据表中的所有字段，可以用英文星号来代替所有字段名称。由于该方法返回的是一个 Promise 对象，所以我们可以使用链式调用 then() 方法或者使用 async/await 语法的方式处理查询结果。

- **insert()方法**：该方法的作用是将数据插入数据表中，它接收一个 JSON 格式的对象作为实参，用于指定要插入的数据。

- **update()方法**：该方法的作用是更新数据表中的数据，它接收一个 JSON 格式的对象作为实参，用于指定要更新的数据。当然，该方法通常要搭配我们后面介绍的 where() 方法来使用。

- **delete()方法**：该方法的作用是删除数据表中的数据，调用它时不用传递实参，但通常情况下要搭配 where() 方法来使用。

同样地，由于以上 4 个方法返回的也是 Promise 对象，所以我们可以继续在它们的返回值上调用 where() 方法，为参与操作的数据设置限定条件。where() 方法设置限定条件的方式有以下 4 种。

- **使用关系运算符**：在这种方式下，where() 方法会接收 3 个字符串类型的实参，其中第一个实参用于指定要限定条件的字段，第二个实参是作用于指定被限定字段与限定条件的关系操作符（主要包括=、>、>=、<、<=这 5 种），第三个参数是限定条件的内容。

- **使用键/值对**：在这种方式下，where() 方法会接收两个实参，第一个实参用于指定要限定条件的字段，第二个实参用于指定限定条件所要匹配的值。需要注意的是，这种方式只支持等于关系的限定，也就是说，只有当第一个实参所指定的字段中的数据"等于"第二个实参的值时，条件才会被认为匹配。

- **使用 JSON 格式的对象**：在这种方式下，where() 方法会接收一个 JSON 格式的对象，用于指定涉及多个字段的限制条件。

● **链式调用 andWhere()方法和 orWhere()方法**：对于更为复杂的数据查询条件，我们也可以通过链式调用 andWhere()方法和 orWhere()方法的方式来叠加数据操作的限定条件。这两个方法的调用方式与 where()方法的调用方式是一样的。

下面，如果我们想在 02_onlineResumes 项目中用 Knex.js 框架的 API 来构建一个操作 MySQL 数据库中的功能模块，就可以回到 index.js 文件中，并接着之前的内容继续编写如下代码。

```
// 创建当前模块要导出的 API 对象
const MysqlApi = {};

// 创建用于向指定数据表中插入数据的 API
MysqlApi.insert = function(table, jsonData) {
    return MyDB(table).insert(jsonData);
}

// 创建用于查看指定数据表中所有数据的 API
MysqlApi.getAll = async function(table) {
    const data = await MyDB(table).select('*');
    console.log(data);
    return data;
};

// 创建用于在指定数据表中查看指定编号的数据的 API
MysqlApi.getDataById = async function(table, id) {
    const key = 'cv_id'
    if(table == 'education') {
        key = 'edu_id';
    } else if(table == 'professional') {
        key = 'pro_id';
    }
    const data = await MyDB(table).select('*')
    .where(key, '=', id);
    console.log(data);
    return data;
};

// 创建用于根据姓名获取个人简历主数据的 API
MysqlApi.getResumeByName = async function(name) {
    const data = await MyDB('resumes').select('*')
    .where('name', '=', name);
    console.log(data);
```

```
    return data;
};

// 创建用于在指定数据表中修改指定数据的 API
MysqlApi.update = function(table, id, data) {
    const key = 'cv_id'
    if(table == 'education') {
        key = 'edu_id';
    } else if(table == 'professional') {
        key = 'pro_id';
    }
    return MyDB(table).update(data)
    .where(key, '=', id);
};

// 创建用于在指定数据表中删除指定数据的 API
MysqlApi.delete = function(table, id) {
    const key = 'cv_id'
    if(table == 'education') {
        key = 'edu_id';
    } else if(table == 'professional') {
        key = 'pro_id';
    }
    return MyDB(table).delete()
    .where(key, '=', id);
};

module.exports = MysqlApi;
```

关于具体如何调用上述模块的 API，我们将会在第 4 章演示如何实现"线上简历"应用的服务端时再做详细介绍，这里暂且先聚焦于数据库本身的设计与管理问题。正如读者所见，Knex.js 框架可以帮助我们在完全不使用 SQL 的情况下管理关系数据库，这对于 JavaScript 程序员来说，不能不说是一件降低学习成本的好事。当然，这里所介绍的只是笔者认为在使用 Knex.js 框架操作 MySQL 数据库时常用的 API，如果读者希望了解该框架提供的所有 API，还需要去查阅它的官方文档。

3.3 非关系数据库

非关系数据库有时被称为 NoSQL（Not Only SQL，不限于 SQL）数据库，相较于关系数据库，非关系数据库在数据存储方面采用的是一种弱结构化的模式。这种模式通常不会要求事先定义严格的数据存储结构以及这些结构之间的关系，它允许我们以一种更自由、更松散的方式来管理数据库中的数据。非关系数据库的主要优势在于，它不强求人们去学习 SQL 这一类数据库管理专用的计算机语言，这有助于降低数据库的使用门槛。当然，凡事都是具有两面性的，正是由于非关系数据库对其存储数据的结构大多都缺乏强制性的约束，保持数据在存储结构上的一致性的任务就落在了使用它的开发者身上。我们在选择这类数据库的时候需要谨记"自由即责任"的原则，至少在程序设计领域，享受无能力承担相应责任的自由绝对会导致一场无法挽回的灾难。

3.3.1　非关系数据库的分类

由于非关系数据库在概念上是除关系数据库之外所有数据库的统称，所以非关系数据库实际上根据具体的存储结构设计是有着许多不同的分类的。下面，就让我们来简单介绍一下这些分类。

- **以键/值对形式存储的数据库**：这一类数据库主要包括 LevelDB、Redis 等，其数据存储结构是一个散列表，以键/值对的形式来存取数据，其主要优势在于使用简单，且容易部署。
- **以列结构形式存储的数据库**：这一类数据库主要包括 Cassandra、HBase 等，它通常被用来应对分布式存储的海量数据。
- **以图结构形式存储的数据库**：这一类数据库主要包括 Neo4j、OrientDB 等，与列结构的数据库以及刚性结构的 SQL 数据库相比，它具有更为灵活的存取模型，并且能很方便地扩展到多个服务器上。
- **以文档形式存储的数据库**：这一类数据库主要包括 MongoDB、CouchDB 等，其灵感来自 Lotus Notes 办公软件。它本质上是一种针对文档的版本控制系统，而其文档本身则采用了某种类似于 JSON 的半结构化格式来存储数据，所以该类数据库也可以被视为以键/值对形式存储数据的数据库的一种升级。

在基于 C/S 架构的应用程序开发中，Redis 和 MongoDB 是两种较为常用的非关系数据库。正如上面所说，MongoDB 所属的数据库类型可以被视为 Redis 所属数据库类型的一种升级，所以我们接下来就以 MongoDB 为例介绍非关系数据库在服务端开发中的运用。

3.3.2　使用 MongoDB 数据库

MongoDB 不仅是一种以文档形式存储数据的数据库，同时也是一种面向对象的分布式数据库。它在 Node.js 社区中非常受欢迎，以至于开发者们专门发展出了一种被称为 MEAN 的开发模式，其中的 M 指的就是 MongoDB，而 E、A 和 N 分别指的是服务端开发框架 Express.js、客户端开发框架 Angular.js 以及 Node.js 本身。从数据存储结构的逻辑层面的表述形式上来说，MongoDB 数据库将数据的存储结构分成了 3 级，首先是数据库，接下来是数据集，最后是以键/值对形式存储的数据。在这里，数据集是无模式的，这意味着我们不仅在存储数据之前无须先定义数据集的存储模式，而且即使在数据存储的过程中也不必按照统一的格式来存储数据。当然，我们在原则上是不鼓励读者这样做的，这里只是说明 MongoDB 数据库对同一数据集中存储的数据并没有强制性的格式约束机制，保持数据在存储结构上的一致性只能依靠开发者们的自我约束。

下面，我们将具体演示如何在基于 Express.js 框架的服务端开发项目中使用 MongoDB 数据库。当然，我们在这里假设读者已经在自己的计算机上安装了 MongoDB 数据库，并启动了该数据库的服务。在一切准备就绪之后，我们需要回到之前的 02_onlineResumes 项目中，并在该项目的根目录下执行 npm install mongodb --save 命令来安装在 Node.js 环境中用来操作 MongoDB 数据库的第三方扩展包，我们在这里安装的是 4.5.0 以上版本的 MongoDB。

在完成上述扩展包的安装之后，我们只需继续在 02_onlineResumes 项目的 routes 目录下创建一个名为 useMongodb 的模块目录，并在该目录下创建一个名为 index.js 的文件，然后在该文件中使用 require()方法将 mongodb 扩展包引入当前项目中，这样就可以使用 MongoDB 数据库了。和使用 MySQL 数据库时一样，我们在使用 useMongodb 模块中操作 MongoDB 数据库时也需要先创建一个数据库连接对象，这个对象的创建操作一般是通过实例化 mongodb 扩展包中定义的 MongoClient 类来完成的。为此，我们可以在刚刚创建的 index.js 文件中输入如下代码。

```
// 引入 mongodb 扩展包
const { MongoClient } = require('mongodb');
// 设置数据库所在的服务器连接地址和端口号
const serverUrl = 'mongodb://localhost:27017';
// 设置要使用的数据库名称
const databaseName = 'online_resumes';
// 创建数据库的连接对象
const client = new MongoClient(serverUrl);

// 测试数据库是否可用
async function test() {
    try {
        // 打开数据库连接
        await client.connect();
        const db = client.db(databaseName);
        console.log('数据库连接成功！');
        // 使用 db 对象操作数据库
    } catch(error) {
        console.log('数据库连接错误：' + error);
    } finally {
        // 关闭数据库连接
```

```
        await client.close();
    }
}
test()
```

在保存上述代码之后，如果我们在该模块目录下执行 node index.js 命令时看到终端中输出内容为"数据库连接成功！"的信息，就说明 mongodb 扩展包和 MongoDB 数据库都已经准备就绪了。下面，让我们来具体了解一下这段代码所做的事情。

首先，我们在实例化 MongoClient 类的对象时提供了一个用于指定数据库所在位置的字符串类型的实参。在该字符串中必须要指明数据库服务器所使用的网络协议（即这里的 mongodb://）、数据库所在服务器的 IP 地址或域名（即这里的 localhost）以及该数据库服务使用的端口号（即这里的 27017）。除此之外，我们很多时候还需要在该字符串中指明在连接数据库时所要使用的用户名和密码，例如下面字符串中的 <my_username> 和 <my_password>。

```
mongodb://<my_username>:<my_password>@localhost:27017
```

在连接对象创建完成之后，我们还需要调用该对象的 connect() 方法来正式完成连接数据库的操作，并使用它的 db() 方法来指定要操作的数据库。然后，我们就可以在该对象上对数据库中的数据集及其中的数据执行增、删、改、查操作了。为此，该数据库连接对象提供了以下常用的方法。

- **createCollection()方法**：该方法用于创建一个新的数据集，它接收一个字符串类型的实参，用于指定新建数据集的名称。

- **dropCollection()方法**：该方法用于删除某一个指定的数据集，它接收一个字符串类型的实参，用于指定要删除数据集的名称。

- **collection()方法**：该方法用于指定当前要操作的数据集，它接收一个字符串类型的实参，用于指定数据集。我们可以在其返回的数据集连接上执行以下常用方法。

  - **dbName()方法**：该方法用于返回当前数据集所属的数据库名称。

  - **drop()方法**：该方法用于删除用户当前所使用的数据集。

  - **insert()方法**：该方法用于插入一条或多条数据，它接收一个 JSON 数据格式的对象或数组作为实参，用于指定要插入的数据。

  - **insertOne()方法**：该方法是 insert() 方法的特化版本，只用于插入单条数据，它接收一个 JSON 数据格式的对象作为实参，用于指定要插入的数据。

  - **insertMany()方法**：该方法是 insert() 方法的特化版本，只用于插入多条数据，它接收一个 JSON 数据格式的数组作为实参，用于指定要插入的数据。

- **deleteOne()方法**：该方法用于删除某一条指定的数据，它接收一个 JSON 数据格式的对象作为实参，用于指定要删除的数据。
- **deleteMany()方法**：该方法用于删除多条指定的数据，它接收一个 JSON 数据格式的数组作为实参，用于指定要删除的数据。
- **find()方法**：该方法用于查找指定的数据，它接收一个 JSON 数据格式的对象作为实参，用于指定要查找的数据。
- **findOne()方法**：该方法是 find() 方法的特化版本，它只返回查找到的第一条数据，它接收一个 JSON 数据格式的对象作为实参，用于指定要查找的数据。
- **update()方法**：该方法用于更新指定的数据，它接收一个 JSON 数据格式的对象或数组作为实参，用于指定要更新的数据。
- **updateMany()方法**：该方法是 update() 方法的特化版本，专用于更新多条数据，它接收一个 JSON 数据格式的数组作为实参，用于指定要更新的数据。
- **count()方法**：该方法用于返回当前数据集中符合指定条件的数据的数量，它接收一个 JSON 数据格式的对象作为实参，用于指定要查找的数据。

当然，在所有的数据操作完成之后，还请读者务必要记得调用连接对象的 close() 方法来关闭数据库连接。下面，我们可以初步体验一下上面这些方法的使用。例如，如果想在 02_onlineResumes 项目中用 mongodb 扩展包提供的 API 来构建一个操作 MongoDB 数据库的功能模块，就可以回到 useMongodb/index.js 文件中，并接着之前的内容继续编写如下代码。

```
// 创建当前模块要导出的 API 对象
const MongodbApi = {};

// 创建用于向指定数据集中插入数据的 API
MongodbApi.insert = async function(collectName, jsonData) {
    try {
        await client.connect();
        const db = client.db(databaseName);
        const collect = db .collection(collectName);
        await collect.insertOne(jsonData);
        return true;
    } catch(error) {
        console.log('数据库连接错误：' + error);
        return false;
    } finally {
        // 关闭数据库连接
        await client.close();
```

```
        }
    }

// 创建用于查看指定数据集中所有数据的 API
MongodbApi.getAll = async function(collectName) {
    try {
        await client.connect();
        const db = client.db(databaseName);
        const collect = db .collection(collectName);
        const result = await collect.find({}).toArray();
        return result;
    } catch(error) {
        console.log('数据库连接错误: ' + error);
        return false;
    } finally {
        // 关闭数据库连接
        await client.close();
    }
};

// 创建用于在指定数据集中查看指定编号的数据的 API
MongodbApi.getDataById = async function(collectName, id) {
    try {
        await client.connect();
        const db = client.db(databaseName);
        const collect = db .collection(collectName);
        const result = await collect.find({'cv_id' : Number(id)}).toArray();
        return result;
    } catch(error) {
        console.log('数据库连接错误: ' + error);
        return false;
    } finally {
        // 关闭数据库连接
        await client.close();
    }
};

// 创建用于根据姓名获取个人简历主数据的 API
MongodbApi.getResumeByUID = async function(uid) {
    try {
        await client.connect();
        const db = client.db(databaseName);
        const collect = db .collection('resumes');
        const result = await collect.find({
            'uid' : Number(uid)
```

```javascript
        }).toArray();
        return result;
    } catch(error) {
        console.log('数据库连接错误：' + error);
        return false;
    } finally {
        // 关闭数据库连接
        await client.close();
    }
};

// 创建用于在指定数据集中修改指定数据的 API
MongodbApi.update = async function(collectName, id, jsonData) {
    try {
        await client.connect();
        const db = client.db(databaseName);
        const collect = db .collection(collectName);
        await collect.updateOne({'cv_id' : Number(id)}, {$set : jsonData});
        return true;
    } catch(error) {
        console.log('数据库连接错误：' + error);
        return false;
    } finally {
        // 关闭数据库连接
        await client.close();
    }
};

// 创建用于在指定数据集中删除指定数据的 API
MongodbApi.delete = async function(collectName, id) {
    try {
        await client.connect();
        const db = client.db(databaseName);
        const collect = db .collection(collectName);
        await collect.deleteOne({'cv_id' : Number(id)});
        return true;
    } catch(error) {
        console.log('数据库连接错误：'+error);
        return false;
    } finally {
        // 关闭数据库连接
        await client.close();
    }
};

module.exports = MongodbApi;
```

如你所见，虽然上述 API 的实现中存在着大量的代码冗余及其可能导致的低效率问题，还需要更进一步的优化，但相较于之前操作 MySQL 数据库的 API，它已经简单了不少。至少，我们在使用 MongoDB 数据库管理简历数据的时候并不需要将它的主数据和子数据分开存储，而只需要将它编码成一个 JSON 数据格式的对象直接插入数据库中的相应数据集即可，就像下面这样。

```
MongodbApi.insert('resumes',{
    "cv_id":202202042,
    "name":"张三",
    "gender":"男",
    "age":"25",
    "email":"zhangsan@zhangsanmail.com",
    "phone":"72444441111",
    "Education": [
        {
            "school":"浙江大学",
            "major":"计算机科学与技术",
            "degree":"硕士",
            "graduation":"2014"
        }
    ],
    "professional": [
        {
            "company":"微软公司",
            "title":"软件测试工程师",
            "startingDate":"2015",
            "endingDate":"2017"
        }
    ]
});
```

这样一来，我们就既可以免去复杂的数据库设计工作，也可以在程序运行过程中实现一次数据操作解决所有的数据存取问题。否则，我们在存储一个数据实体时就必须先存储该实体的子数据，然后获取到子数据在数据库表中的键值字段，再去存储该实体的主数据。而在查询数据实体时顺序又恰好相反，必须先查询主数据，待获取到相关键值字段之后才能查询子数据。当然，必须要再次强调的是，在享受非关系数据库这种弱约束所带来的自由的同时，开发者必须自行承担起维护数据存储结构的一致性的责任，毕竟凡事皆有代价，天下没有既免费又美味的午餐。

另外需要特别说明的是，这里所介绍的只是笔者认为在使用 mongodb 扩展包操作 MongoDB 数据库时的常用 API，如果读者希望了解该扩展包提供的所有 API，还需要去查阅 mongodb 扩展包的官方文档。

3.4　项目实践

下面，让我们再次回到 02_onlineResumes 项目中，利用本章所介绍的知识完善一下"线上简历"应用的数据库设计。根据我们在第 2 章中所做的 API 设计，该应用除了管理简历数据的功能模块之外，还应该要有个与用户相关的功能模块，以便实现用户的注册、登录、登出等功能。这就需要我们再根据"用户"这个数据实体来设计一下它在数据库中的表述形式。当然，为了便于在书中展示相应的代码，我们可以对该功能模块进行最小化设计，只赋予用户这个数据实体包括用户名、密码、密码提示和所拥有的简历这 4 个属性。为此，我们需要执行以下步骤来完善 02_onlineResumes 项目的数据库设计。

1. 在 02_onlineResumes 项目中打开 index.js 文件，在其中添加创建 users 数据表的代码，并将其内容修改如下。

```
// 引入 Knex.js 框架
const knex = require('knex');
// 创建数据库连接对象
const MyDB = knex({
    client: 'mysql',          // 指定 knex 要操作的数据库为 MySQL
    connection: {
        host : '127.0.0.1',     // 设置数据库所在的服务器地址
        user : 'your_username', // 设置登录数据库的用户名
        password : 'your_password',// 设置登录数据库的密码
        database : 'online_resumes' // 设置要操作的数据库名称
    },
    pool: 6 // 设置数据库连接池的大小
});

// 如果 users 表不存在就创建它
MyDB.schema.createTableIfNotExists('users', function(table) {
    // 将 uid 设置为自动增加的 int 类型的主键字段
    table.increments('uid').primary();
    table.string('userName');        // 将 userName 设置为字符串类型的字段
    table.string('password');        // 将 password 设置为字符串类型的字段
    table.string('resumes');         // 将 resumes 设置为字符串类型的字段
});

// 如果 resumes 表不存在就创建它
MyDB.schema.createTableIfNotExists('resumes', function(table) {
    // 将 cv_id 设置为类型为 bigInt 的主键字段
    table.increments('cv_id').primary();
    table.bigInteger('uid');         // 将 uid 设置为 bigInt 类型的字段
    table.string('name');            // 将 name 设置为字符串类型的字段
```

```
        table.string('gender');           // 将 gender 设置为字符串类型的字段
        table.string('age');              // 将 age 设置为字符串类型的字段
        table.string('phone');            // 将 phone 设置为字符串类型的字段
        table.string('email');            // 将 email 设置为字符串类型的字段
        table.string('education');        // 将 education 设置为字符串类型的字段
        table.string('professional');     // 将 professional 设置为字符串类型的字段
});

// 如果 education 表不存在就创建它
MyDB.schema.createTableIfNotExists('education', function(table) {
    // 将 edu_id 设置为类型为字符串的主键字段
    table.bigInteger('edu_id').primary();
    table.string('school');           // 将 school 设置为字符串类型的字段
    table.string('major');            // 将 major 设置为字符串类型的字段
    table.string('degree');           // 将 degree 设置为字符串类型的字段
    table.date('graduation');         // 将 graduation 设置为 date 类型的字段
});

// 如果 professional 表不存在就创建它
MyDB.schema.createTableIfNotExists('professional', function(table) {
    // 将 pro_id 设置为类型为字符串的主键字段
    table.bigInteger('pro_id').primary();
    table.string('company');          // 将 company 设置为字符串类型的字段
    table.string('title');            // 将 title 设置为字符串类型的字段
    table.date('startingDate');       // 将 startingDate 设置为 date 类型的字段
    table.date('endingDate');         // 将 endingDate 设置为 date 类型的字段
});

// 创建当前模块要导出的 API 对象
const MysqlApi = {
    // 创建用于向指定数据表中插入数据的 API
    insert : function(table, jsonData) {
        return MyDB(table).insert(jsonData);
    },

    // 创建用于查看指定数据表中所有数据的 API
    getAll : async function(table) {
        const data = await MyDB(table).select('*');
        return data;
    },

    // 创建用于在指定数据表中查看指定编号的数据的 API
    getDataById : async function(table, id) {
        const key = 'cv_id'
        if(table == 'education') {
```

```
            key = 'edu_id';
        } else if(table == 'professional') {
            key = 'pro_id';
        } else if(table == 'users') {
            key = 'uid';
        }
        const data = await MyDB(table).select('*')
        .where(key, '=', Number(id));
        return data;
    },

    // 该 API 用于验证用户是否存在，如果存在就返回用户数据
    checkUser : async function(userData) {
        const data = await MyDB('users').select('*')
        .where('user', '=', userData.user)
        .andWhere('passwd', '=', userData.passwd);
        return data;
    },

    // 创建用于获取相同 uid 的所有简历的 API
    getResumeByUID : async function(uid) {
        const data = await MyDB('resumes').select('*')
        .where('uid', '=', Number(uid));
        return data;
    },

    // 创建用于在指定数据表中修改指定数据的 API
    update : function(table, id, data) {
        const key = 'cv_id'
        if(table == 'education') {
            key = 'edu_id';
        } else if(table == 'professional') {
            key = 'pro_id';
        } else if(table == 'users') {
            key = 'uid';
        }
        return MyDB(table).update(data)
        .where(key, '=', Number(id));
    },

    // 创建用于在指定数据表中删除指定数据的 API
    delete : function(table, id) {
        const key = 'cv_id'
        if(table == 'education') {
            key = 'edu_id';
```

```
        } else if(table == 'professional') {
            key = 'pro_id';
        } else if(table == 'users') {
            key = 'uid';
        }
        return MyDB(table).delete()
        .where(key, '=', Number(id));
    },
};

module.exports = MysqlApi;
```

2. 在 `02_onlineResumes` 项目中打开 `index.js` 文件，我们在这里要解决一下重复创建数据库连接对象所导致的低效率问题，具体可将其内容修改如下。

```
// 引入 mongodb 扩展包
const { MongoClient } = require('mongodb');
// 设置数据库所在的服务器连接地址和端口号
const serverUrl = 'mongodb://localhost:27017';
// 设置要使用的数据库名称
const databaseName = 'online_resumes';
// 创建数据库的连接对象
const client = new MongoClient(serverUrl);

// 创建当前模块要导出的 API 对象
const MongodbApi = {
    openCollect : async function(collectName) {
        try {
            if(typeof this.conn == 'undefined') {
                this.conn = await client.connect();
                console.log('数据库连接成功！');
            }
            if(typeof this.collect == 'undefined' ||
                this.collect.collectName !== collectName) {
                    const db = this.conn.db(databaseName);
                    this.collect = await db.collection(collectName);
                }
        } catch(error) {
            console.log('数据库连接错误：' + error);
        }
    },

    // 创建用于向指定数据集中插入数据的 API
    insert : async function(collectName, jsonData) {
        try {
```

```
        await this.openCollect(collectName);
        const index = await this.collect.count({}) -1;
        const end = await this.collect.find({}).toArray();
        if(index < 0) {
            jsonData['uid'] = 1;
        } else if(collectName == 'users') {
            jsonData['uid'] = end[index] .uid+ 1;
        } else {
            jsonData['cv_id'] = end[index].cv_id+ 1;
        }
        await this.collect.insertOne(jsonData);
        return true;
    } catch(error) {
        console.log('数据插入错误：' + error);
        return false;
    };
},


// 创建用于查看指定数据集中所有数据的 API
getAll : async function(collectName) {
    try {
        await this.openCollect(collectName);
        const result = await this.collect.find({}).toArray();
        return result;
    } catch(error) {
        console.log('数据查询错误：' + error);
        return false;
    }
},


// 创建用于在指定数据集中查看指定编号的数据的 API
getDataById : async function(collectName, id) {
    try {
         await this.openCollect(collectName);
        const key = collectName == 'users' ? 'uid' : 'cv_id';
        const result =
            await this.collect.find({[key] : Number(id)}).toArray();
        return result;
    } catch(error) {
        console.log('数据查询错误：' + error);
        return false;
    }
},


// 该 API 用于验证用户的登录权限
```

```
// 登录成功时返回用户的数据
checkUser : async function(userData) {
    try {
        await this.openCollect('users');
        const result = await this.collect.find(userData).toArray();
        return result;
    } catch(error) {
        console.log('数据查询错误：' + error);
        return false;
    }
},

// 创建用于获取相同 uid 的简历数据的 API
getResumeByUID : async function(uid) {
    try {
        await this.openCollect('resumes');
        const result = await this.collect.find({
            'uid' : Number(uid)
        }).toArray();
        return result;
    } catch(error) {
        console.log('数据查询错误：' + error);
        return false;
    }
},

// 创建用于在指定数据集中修改指定数据的 API
update : async function(collectName, id, jsonData) {
    try {
        await this.openCollect(collectName);
        const key = collectName == 'users' ? 'uid' : 'cv_id';
        await this.collect.updateOne({[key] : Number(id)},
                                            {$set : jsonData});
        return true;
    } catch(error) {
        console.log('数据修改错误：' + error);
        return false;
    }
},

// 创建用于在指定数据集中删除指定数据的 API
delete : async function(collectName, id) {
    try {
        await this.openCollect(collectName);
        const key = collectName == 'users' ? 'uid' : 'cv_id';
```

```
        await this.collect.deleteOne({[key] : Number(id)});
        return true;
    } catch(error) {
        console.log('数据删除错误: '+error);
        return false;
    }
},

// 创建用于清理数据库连接的 API
clean : async function() {
    try {
        await client.close();
    } catch (error) {
        console.log('数据库关闭错误: '+error);
    }
  }
}
}

module.exports = MongodbApi;
```

通过对上述两个数据库操作模块的实现，我们可以更明显地感受到使用关系数据库与非关系数据库的区别，这些区别可总结如下。

- 在使用 MySQL 这样的关系数据库时，我们需要预先定义好数据的存储结构，并在这些存储结构之间建立关系，然后严格按照这些存储结构的定义和它们彼此之间的关系来按部就班地管理数据库。这样做的优点在于可以让数据库自身来负责数据操作的安全性和完整性，而缺点是需要开发者专门学习关系数据库的使用方法，并且在使用过程中会受到一系列规则的强大约束。
- 在使用 MongoDB 这样的非关系数据库时，我们需要自己来负责数据操作的安全性和完整性。在使用这类数据库时，开发者需要时刻谨记"自由即责任"的原则，小心谨慎地享受非关系数据库赋予开发者的自由，任何疏忽都有可能会导致一场可怕的程序维护灾难。

第 4 章　服务端接口实现

在第 3 章中，我们详细介绍了如何根据具体的项目需求来设计数据库的存储结构，以及如何在基于 Express.js 框架的服务端项目中实现访问数据库的 API。接下来，我们会继续介绍如何使用这些 API 来实现应用程序的服务端业务逻辑，并演示如何根据 REST 设计规范来实现基于 C/S 架构的应用程序。在这个过程中，我们将会尝试在 Express.js 项目中引入基于 Vue.js 框架实现的客户端。总而言之，在阅读完本章内容之后，我们希望读者能够：

- 深入理解 RESTful 架构并能用它来实现应用程序的服务端；
- 了解 Express.js 框架提供的主要组件并掌握它们的使用方法；
- 掌握如何在服务端项目中引入基于 Vue.js 框架实现的客户端。

4.1　服务端的实现步骤

在专业术语的运用中，人们通常会将基于 REST 设计规范的服务端 HTTP API 称为 **RESTful API**，而对于围绕着这些 API 来实现 C/S 架构的应用程序的方案，则通常被称为 **RESTful 架构**。我们之前在第 2 章中已经为读者详细介绍了 REST 设计规范的核心思想，并以"线上简历"应用程序为例，具体示范了如何根据实际的项目需求来进行 RESTful API 的设计。接下来的任务就是利用 Express.js 框架提供的各种功能组件来具体实现这些 API。但在此之前，我们需要先具体了解一下基于 RESTful 架构来实现应用程序的服务端时所需要执行的基本步骤。

4.1.1　创建 HTTP 服务器

对于任何一个基于 C/S 架构的应用程序的服务端来说，其工作流程的第一步都是创建一个能监听客户端请求的服务器，而根据 RESTful 架构，该服务器应该是一个 HTTP 服务器。在基于 Express.js 框架的项目中，HTTP 服务器通常被定义在服务端的入口文件中。具体到之前创建的 `02_onlineResumes` 项目，如果我们打开其根目录下的 `package.json` 文件，就可以看到该项目对服务端的入口配置如下。

```
{
    "name": "02-onlineresumes",
    "version": "0.0.0",
    "private": true,
    "scripts": {
        "start": "node ./bin/www"
    },
    "dependencies": {
        "cookie-parser": "~1.4.4",
        "debug": "~2.6.9",
        "express": "~4.16.1",
        "knex": "^1.0.7",
        "mongodb": "^4.5.0",
        "morgan": "~1.9.1",
        "mysql": "^2.18.1"
    }
}
```

正如读者所见，package.json 文件是一个由 NPM 包管理器自动生成的、典型的 Node.js 项目配置文件，它指定的服务端启动脚本文件是[项目根目录]/bin/www 文件。接下来，我们可以来看看这个脚本具体做了哪些事。

```
#!/usr/bin/env node

// 引入 [项目根目录]/app.js 文件中定义的模块
const app = require('../app');
// 引入 Node.js 平台内置的 debug 模块
const debug = require('debug')('02-onlineresumes:server');
// 引入 Node.js 平台内置的 http 模块
const http = require('http');

// 设置服务器使用的端口号，默认为 3000
const port = normalizePort(process.env.PORT || '3000');
app.set('port', port);

// 引入 app 模块中的定义创建 HTTP 服务器
```

```
const server = http.createServer(app);

// 设置服务器的监听端口
server.listen(port);
// 注册服务器的 error 事件处理函数
server.on('error', onError);
// 注册服务器的 listening 事件处理函数
server.on('listening', onListening);

// 确保端口号设置有效的函数
// 有效的端口号会被序列化为正整数值
// 无效的端口号则返回 false
function normalizePort(val) {
    const port = parseInt(val, 10);

    if (isNaN(port)) {
        return val;
    }

    if (port >= 0) {
        return port;
    }

    return false;
}

// 定义服务器的 error 事件处理函数
function onError(error) {
    if (error.syscall !== 'listen') {
        throw error;
    }

    const bind = typeof port === 'string'
    ? 'Pipe ' + port
    : 'Port ' + port;

    // 针对特定的错误在终端中输出友好提示信息
    switch (error.code) {
        case 'EACCES':
            console.error(bind + ' requires elevated privileges');
            process.exit(1);
            break;
        case 'EADDRINUSE':
            console.error(bind + ' is already in use');
            process.exit(1);
```

```
            break;
        default:
            throw error;
    }
}

// 定义服务器的 listening 事件处理函数
function onListening() {
    const addr = server.address();
    const bind = typeof addr === 'string'
    ? 'pipe ' + addr
    : 'port ' + addr.port;
    debug('Listening on ' + bind);
}
```

　　上述脚本是我们在使用 express-generator 这个构建工具构建项目的时候自动
生成的（笔者在其中对注释进行了必要的翻译和补充）。通过阅读其中的代码，读者可
以看出该脚本文件是一个常见的 Node.js 应用程序的入口文件，它的主要任务就是调用
Node.js 运行平台中内置的 HTTP 组件，并以[项目根目录]/app.js 文件中定义的配置
为参数创建 HTTP 服务器。该服务器负责监听来自客户端的请求。下面，我们来看[项
目根目录]/app.js 文件中定义的内容。

```
// 引入 Express.js 框架
const express = require('express');
// 引入 Node.js 平台的 path 模块
// 用于处理文件路径相关的任务
const path = require('path');
// 引入 cookie-parser 功能模块的中间件
// 用于解析 HTTP 请求中附带的 cookie 消息
const cookieParser = require('cookie-parser');
// 引入 morgan 日志功能模块的中间件
// 用于记录服务器端接收到的 HTTP 请求
const logger = require('morgan');

// 引入存储在 routes 目录中的自定义模块
const indexRouter = require('./routes/index');
const usersRouter = require('./routes/users');
const resumesRouter = require('./routes/resumes');

// 创建一个 Express 应用实例
const app = express();

// 加载 morgan 中间件
// 将日志设置为开发者模式
```

```
app.use(logger('dev'));
// express.json() 会加载 Express 中的内置中间件 json
// 该中间件可用于解析 HTTP 请求中的 JSON 格式数据
app.use(express.json());
// express.urlencoded() 会加载 Express 中的内置中间件 urlencoded
// 该中间件可用于解析 HTTP 请求中的 url-encoded 格式数据
// 当 extended 为 false 时采用 querystring 模块，无法解析嵌套数据
app.use(express.urlencoded({ extended: false }));
// 加载 cookie-parser 中间件
app.use(cookieParser());
// 将 public 目录设置为静态资源目录
app.use(express.static(path.join(__dirname, 'public')));

// 将客户端请求路径映射到相应的自定义模块上
app.use('/', indexRouter);
app.use('/users', usersRouter);
app.use('/resumes', resumesRouter);

// 将 Express 实例设置为导出模块
module.exports = app;
```

对于上述代码，我们之前在第 2 章中已经对它做过相关的说明了，在这里，读者要关注的是模块文件在整个项目中的作用，以及它所使用到的 Express.js 框架组件。从整个项目的工作流程上来说，package.json 文件中指定的启动脚本文件，即 [项目根目录]/bin/www 文件是 Node.js 应用程序的入口文件，它通常可以交由项目的构建工具自动生成，而 [项目根目录]/app.js 文件中定义的则是 Node.js 应用程序进入 Express.js 框架的入口模块，它是开发者们真正使用该框架的各种组件来实现应用程序的起点，主要任务是对整个应用程序进行配置。下面，我们来介绍一下在该配置工作中会用到的框架组件。

首先要用到的是 Express.js 框架提供的 express 构造器对象，我们可以通过 const app = express() 这样的调用获取到一个变量名为 app 的、Application 类型的对象，该对象代表的是我们正在构建的服务端应用本身。除此之外，由于在 Express.js 框架之下，服务端的功能主要是通过中间件的形式来扩展的，所以该构造器对象还提供了一系列用于构建特定中间件的方法。

- **express.json()方法**：该方法构建的中间件是基于 body-parser 实现的，该方法用于解析 HTTP 请求体中 JSON 格式的数据。在调用该方法时通常不需要提供实参，但我们也可以选择提供一个 JSON 格式的实参为创建的中间件设置以下选项。
  - **inflate 选项**：该选项是一个布尔类型的值，用于设置是否解析经过压缩

的请求体，默认值为 true，如果被设置为 false，中间件就会拒绝解析被压缩过的请求体。

- **limit** 选项：该选项用于限制中间件可解析请求体的大小，默认值为 100KB。该选项有两种设置形式，如果设置为一个 Number 类型的值，那么该值直接代表中间件可处理的最大字节数，如果设置为一个字符串类型的值，则要交由相应的库进行解析。

- **reviver** 选项：该选项可供开发者设置传递给 JSON.parse() 方法的第二个参数，默认值为 null。该选项并不是一个常用选项，读者如有兴趣可自行去 MDN 查阅一下 JSON.parse() 方法的具体文档。

- **strict** 选项：该选项是一个布尔类型的值，用于设置是否解析一般性的数组和 JS 对象，默认值为 true，如果被设置为 false，中间件就将只解析 JSON.parse() 方法能接受的 JSON 格式的数据。

- **type** 选项：该选项用于设置中间件具体要解析的媒体类型，默认值为 application/json。

- **verify** 选项：该选项是一个 Function 类型的值，默认值为 undefined，并不是一个常用选项。如果我们设置了该选项，中间件会在解析请求体时以 verify(req, res, buf, encoding) 的形式调用该选项所设置的回调函数。在这里，req 是用于接收客户端请求的对象，res 是用于响应客户端请求的对象，buf 是在解析过程中要使用的缓冲对象，而 encoding 则是用于指定客户端请求使用的编码。

- **express.raw() 方法**：该方法构建的中间件是基于 body-parser 实现的，用于解析 HTTP 请求体中 RAW 格式的数据。在调用该方法时通常不需要提供实参，但我们也可以选择提供一个 JSON 格式的实参为创建的中间件设置以下选项。

  - **inflate** 选项：该选项是一个布尔类型的值，用于设置是否解析经过压缩的请求体，默认值为 true，如果被设置为 false，中间件就会拒绝解析被压缩过的请求体。

  - **limit** 选项：该选项用于限制中间件可解析请求体的大小，默认值为 100KB。该选项有两种设置形式，如果设置为一个 Number 类型的值，那么该值直接代表中间件可处理的最大字节数，如果设置为一个字符串类型的值，则要交由相应的库进行解析。

  - **type** 选项：该选项用于设置中间件具体要解析的媒体类型，默认值为 application/json。

  - **verify** 选项：该选项是一个 Function 类型的值，默认值为 undefined，并不是一个常用选项。如果我们设置了该选项，中间件会在解析请求体时以 verify(req, res, buf, encoding) 的形式调用该选项所设置的回调函数。在这里，`req` 是用于接收客户端请求的对象，`res` 是用于响应客户端请求的对象，`buf` 是在解析过程中要使用的缓冲对象，而 `encoding` 则是用于指定客户端请求使用的编码。

- **express.text()方法**：该方法构建的中间件是基于 body-parser 实现的，用于解析 HTTP 请求体中文本格式的数据。在调用该方法时通常不需要提供实参，但我们也可以选择提供一个 JSON 格式的实参为创建的中间件设置以下选项。

  - **defaultCharset 选项**：如果在客户端请求的 Content-Type 头中没有指定字符集，我们可以通过该选项来设置中间件要解析的字符集，默认为 UTF-8。

  - **inflate 选项**：该选项是一个布尔类型的值，用于设置是否解析经过压缩的请求体，默认值为 `true`，如果被设置为 `false`，中间件就会拒绝解析被压缩过的请求体。

  - **limit 选项**：该选项用于限制中间件可解析请求体的大小，默认值为 100KB。该选项有两种设置形式，如果设置为一个 Number 类型的值，那么该值直接代表中间件可处理的最大字节数，如果设置为一个字符串类型的值，则要交由相应的库进行解析。

  - **type 选项**：该选项用于设置中间件具体要解析的媒体类型，默认值为 `application/json`。

  - **verify 选项**：该选项是一个 Function 类型的值，默认值为 `undefined`，并不是一个常用选项。如果我们设置了该选项，中间件会在解析请求体时以 `verify(req, res, buf, encoding)` 的形式调用该选项所设置的回调函数。在这里，`req` 是用于接收客户端请求的对象，`res` 是用于响应客户端请求的对象，`buf` 是在解析过程中要使用的缓冲对象，而 `encoding` 则是用于指定客户端请求使用的编码。

- **express.urlencoded()方法**：该方法构建的中间件是基于 body-parser 实现的，用于解析 HTTP 请求体中 url-encoded 格式的数据。在调用该方法时可通过提供一个 JSON 格式的实参为创建的中间件设置以下选项。

  - **extended 选项**：该选项是一个布尔类型的值，我们可以利用该选项来决定是采用 Node.js 平台内置的 querystring 库（当选项值为 `false` 时），还是通过第三方的 qs 扩展包（当选项值为 `true` 时）来解析 url-encoded 数据。需要注意的是，虽然该选项的默认值为 `true`，但为了避免使用 NPM 额外安装 qs 扩展包，我们在非必要的情况下，通常都会选择将它设置为 `false`。

  - **inflate 选项**：该选项是一个布尔类型的值，用于设置是否解析经过压缩的请求体，默认值为 `true`，如果被设置为 `false`，中间件就会拒绝解析被压缩过的请求体。

- **limit 选项**：该选项用于限制中间件可解析请求体的大小，默认值为 100KB。
- **parameterLimit 选项**：该选项是一个 Number 类型的值，作用是限制中间件要解析的最大参数数量，默认值为 1000。
- **type 选项**：该选项用于设置中间件具体要解析的媒体类型，默认值为 application/json。
- **verify 选项**：该选项是一个 Function 类型的值，默认值为 undefined，并不是一个常用选项。如果我们设置了该选项，中间件会在解析请求体时以 verify(req, res, buf, encoding) 的形式调用该选项所设置的回调函数。在这里，req 是用于接收客户端请求的对象，res 是用于响应客户端请求的对象，buf 是在解析过程中要使用的缓冲对象，而 encoding 则是用于指定客户端请求使用的编码。

● **express.static()方法**：该方法构建的中间件可用来设置服务器静态资源所在位置。在调用该方法时，我们除了指定静态资源所在位置的字符串作为它的第一个实参之外，在必要的情况下还可提供另一个 JSON 格式的实参来为创建的中间件设置以下选项。

- **dotfiles 选项**：该选项的设置将用于决定当前中间件如何处理名称以点号开头的文件（它们通常被视为隐藏文件）或目录，默认值为 ignore，除此之外还可以设置为 allow 和 deny 这两个值。
- **etag 选项**：该选项是一个布尔类型的值，用于设置是否自动生成 ETag 信息[1]，默认值为 true。
- **extensions 选项**：该选项用于设置是否允许执行文件扩展名回退操作，默认值为 false，即不允许。如果该选项被设置为['html', 'htm']之类的扩展名列表，那么服务端就会在找不到指定文件的情况下，按照该扩展名列表给该文件的名称加上相应的扩展名再继续查找，并返回第一个找到的文件。
- **fallthrough 选项**：该选项是一个布尔类型的值，用于设置是否对当前请求中未处理的客户端错误执行 fall-through 操作，默认值为 true。
- **immutable 选项**：该选项是一个布尔类型的值，用于设置是否启用 Cache-Control 响应头[2]中的 immutable 指令。默认值为 false，即不启用，如果该选项被设置为 true，我们在后面还应该搭配设置 maxAge 选项以设置缓存。

---

1 ETag 是一种在 HTTP 中用于标识被请求资源的标签，服务端应用可以用它来判断被客户端请求的资源是否已经发生了变化，如果没有发生变化可选择直接向客户端响应 304 信息，从而避免重复响应大量数据。

2 Cache-Control 是一个 HTTP 中关于缓存的响应头，它由一些能够允许服务端定义一个响应资源应该何时、如何被缓存以及缓存多长时间的指令组成。

- **index 选项**：该选项用于设置静态资源目录的索引文件，当客户端向该目录所对应的 URL 发起请求时，服务端在默认情况下会将索引文件作为响应数据返回给客户端。该选项的默认值为 index.html，在不设置索引文件时可将它的值设置为 false。
- **lastModified 选项**：该选项是一个布尔类型的值，用于设置是否允许在响应头中加入 Last-Modified 头信息，以表示当前文件的最后修改日期，默认值为 true。
- **maxAge 选项**：该选项是一个 Number 类型的值，用于设置 Cache-Control 响应头的 max-age 属性，单位为毫秒或 ms 格式的字符串，默认值为 0。
- **redirect 选项**：该选项是一个布尔类型的值，用于设置是否在客户端请求的静态资源是一个目录时将其重定向到根目录 "/" 上，默认值为 true。
- **setHeaders 选项**：该选项是一个 Function 类型的值，开发者可以利用它来定义可在服务器响应客户端访问时设置头信息的函数。该函数需设置 res、path 和 stat 这 3 个形参，其中，res 是用于向客户端发送响应的对象，path 是用于指定要发送文件所在的位置，而 stat 则是要发送文件对象所要携带的 stat 对象。

- **express.Router()方法**：该方法构建的是一个用于对客户端请求进行路由的中间件，该中间件是一个 Router 类型的对象，该类型的对象是 Express.js 框架中用于实现路由功能的专用组件。关于该中间件的具体实现，我们稍后会专门介绍。

除了调用 express 构造器的方式之外，我们也可以通过第三方模块和自定义模块的方式来创建具有其他功能的中间件。例如在之前代码中，cookie-parser 和 morgan 就是利用第三方模块创建的用于处理 cookie 和日志信息的中间件，而 indexRouter、usersRouter 和 resumesRouter 则是我们通过自定义模块的方式创建的路由器中间件。在创建了中间件之后，我们需要通过调用 app 对象上的 use() 方法将中间件注册到当前的应用实例中。我们之前在第 2 章中已经介绍了调用该方法所要提供的实参，在这里再示范一下调用 app.use() 方法注册中间件的形式。

```
// 注册由 express 构造器方式创建的中间件
app.use(express.static(path.join(__dirname, 'public'), {
    dotfiles: 'ignore',
    etag: false,
    extensions: ['htm', 'html'],
    index: false,
    maxAge: '1d',
    redirect: false,
    setHeaders: function (res, path, stat) {
        res.set('x-timestamp', Date.now())
```

```
    }
}));
```

```
// 注册由第三方模块创建的中间件
app.use(require('morgan')('dev'));
```

```
// 注册由自定义模块创建的中间件
app.use('/', require('./routes/index'));
```

　　　　至此，我们就走完了基于 Express.js 框架创建应用程序服务端的第一步，即创建 HTTP 服务器的工作流程。接下来的任务就是要具体实现 indexRouter、usersRouter 和 resumesRouter 这 3 个自定义模块，并用它们创建的路由器中间件来解析并响应来自客户端的请求。

4.1.2　创建路由器中间件

　　　　在 app.js 文件的最后，我们将自定义模块创建的路由器中间件注册到 app 对象中的同时，也将客户端针对不同路径的 HTTP 请求分别路由到两个自定义模块上，具体如下。

```
app.use('/', indexRouter);
app.use('/users', usersRouter);
app.use('/resumes', resumesRouter);
```

　　　　这样一来，在我们按照 package.json 文件中的配置，在项目根目录下执行 npm start 命令启动应用程序的服务端之后，读者在客户端访问 http://localhost:3000/ 这个 URL 时得到的服务端响应数据应该是如图 4-1 所示的页面。

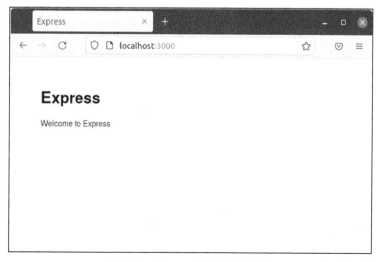

图 4-1　Express.js 项目的首页

而完成这一响应动作的中间件，就是在位于[项目根目录]/routes 目录下的 index.js 自定义模块文件中创建的路由器中间件。在默认情况下，该文件也是由 express-generator 构建工具在创建项目时自动生成的，初学者可将其视为使用自定义模块定义路由器中间件的模板，具体内容如下。

```
// 引入 Express.js 框架
const express = require('express');
// 创建路由器中间件的实例
const router = express.Router();

// 响应客户端对于"/"目录的 HTTP GET 请求
router.get('/', function(req, res, next) {
    res.render('index', { title: 'Express' });
});

// 将路由器中间件设置为导出模块
module.exports = router;
```

对于上述代码中创建路由器中间件的整体流程，我们之前已经在第 2 章中做了详细的说明。在这里，读者需要将注意力转移到路由器的具体实现上。首先，虽然在调用 express.Router() 方法创建 Router 类型的对象时，通常并不需要提供实参，但在少数特殊情况下，我们也需要提供一个 JSON 格式的实参，以便为路由器设置以下选项。

- **caseSensitive 选项**：该选项是一个布尔类型的值，用于设置是否让路由器在匹配 URL 时开启大小写敏感模式，默认值为 false。也就是说，该选项默认是被关闭的，这时/index 和/Index 会被视为同一个 URL。

- **mergeParams 选项**：该选项是一个布尔类型的值，仅在应用程序中存在多级路由的情况下有效。默认值为 false，如果被设置为 true，该路由器就会在 req.params 对象中保留父级路由器的参数。如果当前路由与其父级路由使用了相同的参数名，则以当前路由的参数值为准。

- **strict 选项**：该选项是一个布尔类型的值，用于设置是否让路由器在匹配 URL 时开启严格模式，默认值为 false，一旦被设置为 true，路由器会将/users 和/users/视为不同的 URL。

在成功创建了名为 router 的路由器之后，我们就需要通过调用该中间件对象上的以下 5 个方法来注册响应 HTTP 请求的回调函数。

- **router.get() 方法**：该方法注册的是响应 GET 请求的回调函数，这一类请求通常只用于访问服务端的静态资源或让服务端执行较为简单的数据查询。

- **router.post() 方法**：该方法注册的是响应 POST 请求的回调函数，这一类请求通常来自表单数据的提交，主要用于向服务端提交新的数据或让服务端执行需要具备一定安全性的数据查询（例如用户登录）。

- **router.put()方法**：该方法注册的是响应 PUT 请求的回调函数，这一类请求通常只用于修改服务端存储的现有数据。
- **router.delete()方法**：该方法注册的是响应 DELETE 请求的回调函数，这一类请求通常只用于修改服务端存储的现有数据。
- **router.all()方法**：该方法注册的是可响应所有类型的 HTTP 请求的回调函数，通常用于响应针对同一 URL 的、不同类型的请求。

接下来的重点任务就是为上述方法注册响应请求的回调函数。这些回调函数的编写方式大致如下。

```
function(req, res, next) {
    // 这里通常需要做 3 件事
    // 1. 解析客户端请求
    // 2. 响应客户端请求
    // 3. 如有必要，执行 fall-through 操作
}
```

正如读者所见，在为路由器方法注册回调函数的时候，我们通常需要用到 req、res 和 next 这 3 个形参分别完成上述代码中注释部分提到的 3 件事。其中，req 形参的值通常是一个 Request 类型的对象，该类型的对象表示 Express.js 框架中用于解析客户端请求的专用组件；而 res 形参的值通常是一个 Response 类型的对象，该类型的对象表示 Express.js 框架中用于响应客户端请求的专用组件；最后的 next 形参的值通常是一个 Function 类型的对象，主要用于设置在响应请求的操作出错时需要调用的回调函数，并不是必要的。下面，就让我们先来重点介绍一下前两个形参的使用方法。

4.1.3　解析客户端请求

在 Express.js 框架中，开发者可以利用 Request 类型的对象来完成解析客户端请求的工作。该对象继承自 Node.js 平台中内置的 IncomingMessage 对象，它会在服务端收到客户端发来的请求时自动被创建。也就是说，我们可以在给路由器方法注册回调函数时使用其 req 形参的属性和方法来提取 HTTP 请求中包含的查询字符串、表单数据以及 HTTP 头等数据信息。下面就来着重介绍一些其中较为常用的属性和方法。

- **req.body 属性**：该属性用于以键/值对的形式来从 HTTP 请求体中提取数据，默认值为 undefined。它只有在我们为当前服务端实例注册了 body-parser、multer 等用于解析 HTTP 请求体的中间件后才可访问。例如，我们之前用 express.json()、express.raw()等方法创建的都是基于 body-parser 的扩展中间件。

- **req.cookies 属性**：该属性用于以键/值对的形式来从 HTTP 请求体中提取 cookie 数据，默认值为 undefined。它只有在我们为当前服务端实例注册了 cookie-parser 中间件后才可访问。
- **req.hostname 属性**：该属性用于返回当前服务端应用所在主机的名称。例如，如果我们在本地调试服务端应用，那么该属性的值就是 localhost。
- **req.ip 属性**：该属性用于返回当前服务端应用所在主机的 IP 地址。例如，如果我们在本地调试服务端应用，那么该属性的值就是 127.0.0.1。
- **req.method 属性**：该属性用于返回客户端所使用的 HTTP 请求方法，可能的值包括 GET、POST、PUT 和 DELETE 等。
- **req.params 属性**：该属性用于从 HTTP 请求的 URL 中提取参数部分的值。例如根据我们之前在第 2 章中对 usersRouter 路由器的设计，router.get() 方法用于匹配 URL 的实参被设置为 /:id。在这种情况下，如果客户端使用 http://localhost:3000/users/10 这个 URL 向服务端发送请求，我们在为 router.get() 方法注册的回调函数中就可以使用 req.params.id 这个表达式来提取到 10。
- **req.path 属性**：该属性用于从 HTTP 请求的 URL 中提取路径部分的值。例如，如果客户端请求的 URL 是 http://localhost:3000/users，那么我们在处理该请求的回调函数里使用 req.path 属性提取到的值就是 /users。
- **req.query 属性**：该属性用于以键/值对的形式来从 HTTP 请求的 URL 中提取查询字符串部分的值。例如，如果客户端请求的 URL 是 http://localhost:3000/users?id=10，那么我们在处理该请求的回调函数里使用 req.query 属性提取到的值就是 10。如果请求的 URL 中不包括查询字符串，这个属性的值为 {}。
- **req.xhr 属性**：该属性是一个布尔类型的值，用于表示客户端请求是否为 AJAX 请求。当 HTTP 请求中的 X-Requested-With 头信息为 XMLHttpRequest 时，该属性的值就为 true。
- **req.accepts() 方法**：该方法可基于 AcceptHTTP 请求头检测客户端请求的内容是否属于可访问的类型，如果客户端请求的内容不属于可访问的类型，就返回 false，代表这时应响应给客户端 406 状态码。
- **req.get() 方法**：该方法可用于从 HTTP 请求中提取指定名称的头信息。例如 req.get('Content-Type') 这个调用通常提取到的值是 text/plain。

为了示范上述属性和方法的使用，下面我们可试着在 indexRouter 路由器中添加一个 router.all() 方法的调用，让它在服务端所在的主机终端环境中根据自己收到的客户端请求输出关于 HTTP 请求体的解析报告，具体如下。

```
router.all('/test/:test_id', function(req, res, next) {
    // 示范解析客户端请求
```

```
// 由于之前注册了由 express.json() 方法创建的中间件
// Request 对象就会以 JSON 格式提取请求体中的数据
const query = JSON.stringify(req.query);
const params = JSON.stringify(req.params);
const body = JSON.stringify(req.body);
const cookies = JSON.stringify(req.cookies);
// 建立输出报告的模板字符串
const out = `
    服务端主机名 : ${req.hostname}
    服务端主机 IP 地址 : ${req.ip}
    客户端请求类型 : ${req.method}
    属于 AJAX 请求 : ${req.xhr ? '是' : '否'}
    查询字符串 : ${query == '{}' ? '无' : query}
    URL 参数 : ${params == '{}' ? '无' : params}
    表单数据 : ${body == '{}' ? '无' : body}
    cookie 数据 : ${cookies == '{}' ? '无' : cookies}
    是否可请求 HTML 格式文件 : ${req.accepts('html') != false ? '是' : '否'}
    是否可请求 PNGx 未知格式文件 : ${req.accepts('pngx') != false ?
                                                    '是' : '否'}
`;
// 在服务器终端中输出报告
console.log(out);
// 该方法的作用稍后介绍
res.send('OK');
});
```

接下来，我们建议读者在 bash shell 环境中使用 curl 这个工具来模拟客户端可能发出的不同请求，具体如下。

- 当客户端的请求命令为 curl http://localhost:3000/test/myid 时，我们模拟的是普通的 GET 请求。在这种情况下，服务端应该会输出：

```
服务端主机名 : localhost
服务端主机 IP 地址 : 127.0.0.1
客户端请求类型 : GET
属于 AJAX 请求 : 否
查询字符串 : 无
URL 参数 : {"test_id":"myid"}
表单数据 : 无
cookie 数据 : 无
是否可请求 HTML 格式文件 : 是
是否可请求 PNGx 未知格式文件 : 否
```

- 当客户端的请求命令为 curl http://localhost:3000/test/myid?q=content 时，我们模拟的是携带查询字符串的 GET 请求。在这种情况下，服务端应该会输出：

服务端主机名 ： localhost
服务端主机 IP 地址 ： 127.0.0.1
客户端请求类型 ： GET
属于 AJAX 请求 ： 否
查询字符串 ： {"q":"content"}
URL 参数 ： {"test_id":"myid"}
表单数据 ： 无
cookie 数据 ： 无
是否可请求 HTML 格式文件 ： 是
是否可请求 PNGx 未知格式文件 ： 否

- 当客户端的请求命令为 curl --cookie "uid=1" http://localhost:
  3000/test/myid 时，我们模拟的是携带 cookie 数据的 GET 请求。在这种情
  况下，服务端应该会输出：

服务端主机名 ： localhost
服务端主机 IP 地址 ： 127.0.0.1
客户端请求类型 ： GET
属于 AJAX 请求 ： 否
查询字符串 ： 无
URL 参数 ： {"test_id":"myid"}
表单数据 ： 无
cookie 数据 ： {"uid":"1"}
是否可请求 HTML 格式文件 ： 是
是否可请求 PNGx 未知格式文件 ： 否

- 当客户端的请求命令为 curl -d "user=owlman&passwd=123456789"
  http://localhost:3000/test/myid 时，我们模拟的是携带表单数据的
  POST 请求。在这种情况下，服务端应该会输出：

服务端主机名 ： localhost
服务端主机 IP 地址 ： 127.0.0.1
客户端请求类型 ： POST
属于 AJAX 请求 ： 否
查询字符串 ： 无
URL 参数 ： {"test_id":"myid"}
表单数据 ： {"user":"owlman","passwd":"123456789"}
cookie 数据 ： 无
是否可请求 HTML 格式文件 ： 是
是否可请求 PNGx 未知格式文件 ： 否

- 当客户端的请求命令为 curl -X PUT -d "user=owlman&passwd=123456789"
  http://localhost:3000/test/myid 时，我们模拟的是携带表单数据的

PUT 请求。在这种情况下，服务端应该会输出：

```
服务端主机名 : localhost
服务端主机 IP 地址 : 127.0.0.1
客户端请求类型 : PUT
属于 AJAX 请求 : 否
查询字符串 : 无
URL 参数 : {"test_id":"myid"}
表单数据 : {"user":"owlman","passwd":"123456789"}
cookie 数据 : 无
是否可请求 HTML 格式文件 : 是
是否可请求 PNGx 未知格式文件 : 否
```

● 当客户端的请求命令为 curl -X DELETE http://localhost:3000/test/
myid 时，我们模拟的是 DELETE 请求。在这种情况下，服务端应该会输出：

```
服务端主机名 : localhost
服务端主机 IP 地址 : 127.0.0.1
客户端请求类型 : DELETE
属于 AJAX 请求 : 否
查询字符串 : 无
URL 参数 : {"test_id":"myid"}
表单数据 : 无
是否可请求 HTML 格式文件 : 是
是否可请求 PNGx 未知格式文件 : 否
```

当然，这里所介绍的只是笔者认为在使用 Request 类型的对象来解析 HTTP 请求体的过程中经常会用到的 API，如果读者希望了解该对象提供的所有 API，还需要去查阅 Express.js 框架官方的 API 手册。截止到本书成稿之日，该框架的最新版本为 4.x。

4.1.4　响应客户端请求

在完成了对客户端请求的解析工作之后，我们就可以根据解析的结果来响应客户端的请求了。在 Express.js 框架中，开发者通常会借助 Response 类型的对象来完成响应客户端请求的工作。该对象继承自 Node.js 平台中内置的 ServerResponse 对象，它同样也会在服务端收到客户端发来的请求时自动创建。也就是说，我们可以在给路由器方法注册回调函数时使用其 res 形参的属性和方法将用户验证结果、数据查询结果等信息连同响应状态码一同返回给客户端。下面就来着重介绍一些其中较为常用的属性和方法。

● **res.headersSent 属性**：该属性是一个布尔类型的值，用于表示服务端是否已经向客户端发送了响应，默认值为 false。在 res 对象发送完响应数据之后，该属性的值会自动变更为 true。

- **res.locals 属性**：该属性是一个包含在 res 对象所发送的响应数据中的局部变量，该变量主要用于向客户端传递一些特定的信息，例如用户登录时的认证凭据、保存在服务端的用户设置选项等。

- **res.append()方法**：该方法的作用是向响应数据中添加指定字段的头信息，调用时需提供 field 和 value 两个字符串类型的实参。其中，field 实参通常用于指定要添加头信息的字段名，例如 Link、Set-Cookie 等；value 实参则通常用于为指定字段头信息赋值。如果指定字段的头信息无须赋值，则 value 实参可以省略。

- **res.cookie()方法**：该方法的作用是向响应数据中添加 cookie 数据，调用时需提供 name 和 value 两个实参，它们分别用于指定 cookie 数据项的键和值。其中，value 实参的值可以是一个字符串类型的值，也可以是一个 JSON 对象。在必要时，我们还可以在调用该方法时再提供第三个实参，以便为要添加的 cookie 数据项设置以下细项。

  - domain *选项*：该选项是一个字符串类型的值，用于设置 cookie 数据的有效域名，默认值为当前服务端的域名。

  - encode *选项*：该选项是一个 Function 类型的值，用于设置 cookie 数据的编码方式，默认值为 encodeURIComponent。

  - expires *选项*：该选项是一个 date 类型的值，用于设置 cookie 数据的超时时间。

  - httpOnly *选项*：该选项是一个字符串类型的值，用于设置客户端是否只能通过服务器访问到 cookie 数据。

  - maxAge *选项*：该选项是一个字符串类型的值，用于设置 cookie 数据的最大存在时间。

  - secure *选项*：该选项是一个布尔类型的值，用于设置 cookie 数据是否仅在 HTTPS 下有效。

  - signed *选项*：该选项是一个布尔类型的值，用于设置 cookie 数据中是否有数字签名。

- **res.clearCookie()方法**：该方法的作用是从响应数据中移除指定的 cookie 数据项，调用时除需提供 name 实参的值，以便指定要移除的 cookie 数据项外，在必要时也可以提供一个额外的实参来设置一些细项。该实参中可设置的细项与 res.cookie()方法的相同。

- **res.download()方法**：该方法的作用是响应客户端下载文件的请求，调用时除需提供 path 实参的值，以便指定被下载文件在服务器上的具体路径之外，在必要时还可以提供以下实参：

- filename 实参：该实参是一个字符串类型的值，用于重命名被下载的文件。
- fn 实参：该实参是一个 Function 类型的值，用于设置在下载发生错误时调用的处理函数。

● **res.end() 方法**：该方法的作用是在发送相关数据后通知客户端响应结束，调用时可通过 data 和 encoding 这两个可选实参指定要发送的响应数据及其使用的编码。如果在调用时不提供任何实参，res 对象会在不响应任何数据的情况下结束响应。

● **res.json() 方法**：该方法的作用是发送一个 JSON 格式的响应数据，相当于使用 res.send() 方法向客户端响应一个对象或数组。

● **res.location() 方法**：该方法的作用是设置 HTTP 响应头中的 location 字段，调用时需通过 path 实参的值来指定一个路径，客户端可以根据该响应头字段中设置的路径执行导航操作。

● **res.redirect() 方法**：该方法的作用是将客户端的请求重定向到某一指定的路径上，调用时除需提供 path 实参的值，以便指定要重定向的具体路径之外，还可以通过位于 path 实参之前的 status 实参来设置 res 对象要返回的响应状态码。在不指定状态码时，status 就默认为 302。

● **res.render() 方法**：该方法的作用是将指定的模板文件渲染成完整的 HTML 页面，并将其作为响应数据发送到客户端。调用时除需提供 view 实参的值，以便指定要渲染的模板文件之外，还可以根据情况提供以下可选参数。

- locals 实参：该实参是一个 JSON 格式的值，用于提供在渲染模板文件时需使用的本地变量。
- callback 实参：该实参是一个 Function 类型的值，用于设置在渲染模板文件的过程完成时要调用的处理函数。

● **res.send() 方法**：该方法的作用是让 res 对象发送指定的响应数据，调用时可通过 body 实参的值来指定要发送的响应数据，该数据可以是一个 Buffer、字符串或数组。

● **res.status() 方法**：该方法的作用是设置 res 对象要返回的响应状态码，调用时除需提供 statusCode 实参的值。

在 RESTful 架构之下，应用程序的服务端对其客户端请求的响应任务主要可分为两类。第一类是响应客户端对静态资源的请求，包括 HTML 文件、CSS 文件、JavaScript 文件等用来构建用户界面的客户端代码文件，以及图片、音频、视频等媒体文件，实现这类响应任务需要调用 res.send()、res.render()、res.redirect() 等方法，我们将会在 4.2 节中讨论客户端的实现步骤时再来示范这些方法的使用。而服务端响应客户端的第二类任务就是在 RESTful API 中完成数据处理并将其结果返回。想要实现这类任务，我们首先需要根据客户端请求的解析结果生成响应数据，然后遵照 REST 设计规范，以 JSON 或 XML 格式将响应数据发送给客户端。例如，我们可以回到之前在 indexRouter 路由器中添加的 router.all() 方法中，根据已经生成的请求解析报告再生成一个 JSON 格式的数据对象，然后调用 res.json() 方法将该对象作为响应数据发送给客户端，具体如下。

```
// 请注意，此处使用了带 async 声明的回调函数
router.all('/test/:test_id', async function(req, res, next) {
    // 示范解析客户端请求
    // 由于之前注册了由 express.json() 方法创建的中间件
    // Request 对象就会以 JSON 格式提取请求体中的数据
    const query = JSON.stringify(req.query);
    const params = JSON.stringify(req.params);
    const body = JSON.stringify(req.body);
    const cookies = JSON.stringify(req.cookies);
    // 建立输出报告的模板字符串
    const out = `
        服务端主机名 : ${req.hostname}
        服务端主机 IP 地址 : ${req.ip}
        客户端请求类型 : ${req.method}
        属于 AJAX 请求 : ${req.xhr ? '是' : '否'}
        查询字符串 : ${query == '{}' ? '无' : query}
        URL 参数 : ${params == '{}' ? '无' : params}
        表单数据 : ${body == '{}' ? '无' : body}
        cookie 数据 : ${cookies == '{}' ? '无' : cookies}
        是否可请求 HTML 格式文件 : ${req.accepts('html') != false ? '是' : '否'}
        是否可请求 PNGx 未知格式文件 : ${req.accepts('pngx') != false ?
                                                        '是' : '否'}
    `;
    // 在服务器终端中输出报告
    console.log(out);

    // 示范响应客户端请求
    // 根据输出报告生成 JSON 格式的数据对象
    const items = out.split('\n');
    const jsonObj = {};
    // 请注意，此处使用了 await 语法
    await items.slice(1,-1).forEach(item => {
        // 请注意此处 split() 方法使用中文冒号做分隔符
        const key = item.split('：')[0].trim();
        const val = item.split('：')[1].trim();
        jsonObj[key] = val;
    });
    // 向客户端发送响应数据
```

```
    res.json(jsonObj);
});
```

　　在保存了上述代码，并在"线上简历"项目的根目录下执行 npm start 命令之后，如果我们再使用 curl 工具模拟客户端请求，就能直接收到来自服务端的响应数据。例如，在如下终端交互记录中，以$开头的行代表使用 curl 工具模拟各种客户端请求的命令，我们可以看到它们各自从服务端收到的响应数据。

```
$ curl http://localhost:3000/test/myid
```
{"服务端主机名":"localhost","服务端主机 IP 地址":"127.0.0.1","客户端请求类型":"GET","属于 AJAX 请求":"否","查询字符串":"无","URL 参数":"{\"test_id\":\"myid\"}","表单数据":"无","cookie 数据":"无","是否可请求 HTML 格式文件":"是","是否可请求 PNGx 未知格式文件":"否"}

```
$ curl --cookie "uid=1" http://localhost:3000/test/myid?q=content
```
{"服务端主机名":"localhost","服务端主机 IP 地址":"127.0.0.1","客户端请求类型":"GET","属于 AJAX 请求":"否","查询字符串":"{\"q\":\"content\"}","URL 参数":"{\"test_id\":\"myid\"}","表单数据":"无","cookie 数据":"无","是否可请求 HTML 格式文件":"是","是否可请求 PNGx 未知格式文件":"否"}

```
$ curl -d "user=owlman&passwd=6789" http://localhost:3000/test/myid
```
{"服务端主机名":"localhost","服务端主机 IP 地址":"127.0.0.1","客户端请求类型":"POST","属于 AJAX 请求":"否","查询字符串":"无","URL 参数":"{\"test_id\":\"myid\"}","表单数据":"{\"user\":\"owlman\",\"passwd\":\"6789\"}","cookie 数据":"无","是否可请求 HTML 格式文件":"是","是否可请求 PNGx 未知格式文件":"否"}

```
$ curl -X PUT -d "user=owlman&passwd=1234" http://localhost:3000/test/myid
```
{"服务端主机名":"localhost","服务端主机 IP 地址":"127.0.0.1","客户端请求类型":"PUT","属于 AJAX 请求":"否","查询字符串":"无","URL 参数":"{\"test_id\":\"myid\"}","表单数据":"{\"user\":\"owlman\",\"passwd\":\"1234\"}","cookie 数据":"无","是否可请求 HTML 格式文件":"是","是否可请求 PNGx 未知格式文件":"否"}

```
$ curl -X DELETE  http://localhost:3000/test/myid
```
{"服务端主机名":"localhost","服务端主机 IP 地址":"127.0.0.1","客户端请求类型":"DELETE","属于 AJAX 请求":"否","查询字符串":"无","URL 参数":"{\"test_id\":\"myid\"}","表单数据":"无","cookie 数据":"无","是否可请求 HTML 格式文件":"是","是否可请求 PNGx 未知格式文件":"否"}

　　必须再次强调的是，这里所介绍的只是笔者认为在使用 Response 类型的对象来响应 HTTP 请求时经常会用到的 API，如果读者希望了解该对象提供的所有 API，还需要去查阅 Express.js 框架官方的 API 手册，以便了解更为全面的信息。

4.2　部署 Web 客户端

　　在 RESTful 架构之下，关于客户端如何部署方面的事情，并不是我们在实现服务端业务时需要关心的事情，毕竟现如今应用程序客户端的发展如此日新月异、难以预料。

但对于 Web 类型的客户端，由于其本身也需要部署一个 HTTP 服务器来存储 HTML 文件、CSS 文件、JavaScript 文件等用来构建用户界面的客户端代码文件，以及图片、音频、视频等媒体文件，并响应 Web 浏览器对于这些文件的访问请求，所以还是免不了在服务端进行一些响应的部署。

在一些大型项目中，我们也会选择将 Web 客户端所在的静态页面服务与服务端所在的 RESTful API 服务分开部署，然后让客户端的开发者采用跨域请求的方案来解决客户端如何调用服务端 API 的问题，毕竟这样做更有利于团队分工。但对于一些小型的、个人开发的项目来说，同时部署两个 HTTP 服务没有太大的现实需求。在这种情况下，直接在服务端所在的 HTTP 服务上设置一个响应静态资源访问的模块，以此来部署 Web 客户端不失为一种更好的选择。下面，我们就以基于 Express.js 框架的服务端项目为例，具体介绍后一种部署 Web 客户端的方式。

4.2.1　获得 Web 源代码

在基于 Express.js 框架的服务端项目中，获得 Web 源代码最简单的方式就是进入[项目根目录]/public 这个已经配置好的静态资源目录中，直接用 HTML、CSS、JavaScript 等技术从零开始编写一个 Web 客户端。但这将是一个编码量巨大，且调试和维护非常繁复的工作。在现实的生产环境中，开发者们大多数时候是使用一种被称为前端框架的工具来开发应用程序的客户端的。截止到本书成稿之日，业界流行的前端框架主要有 Vue.js、React.js 和 Angular.js 这 3 种。在这些前端框架中，想要获得直接放在 HTTP 服务上供 Web 浏览器访问的 Web 源代码，都要经过编译和打包的过程。下面，我们就以 Vue.js 框架为例来具体演示使用前端框架在现有项目中生成 Web 客户端源代码的过程。

首先，我们需要在终端环境中打开"线上简历"示例项目的根目录，并执行 npm init @vitejs/app webClient 命令，在该命令的执行过程中，它会以问答的形式要求我们做出一些选择。

- **Package name**：该问题要求确认项目的名称。在这里，我们可以修改名称，也可以直接按 Enter 键使用命令中指定的名称。
- **Select a template**：该问题要求选择一个用于构建项目要使用的模板，在这里，我们只需要在弹出的列表中选择 vue 模板即可。

在回答完上述问题之后，该命令就会在项目根目录下创建一个名为 webClient 的目录，并且在终端中输出如下信息：

```
Done. Now run:

cd webClient
```

```
npm install
npm run dev
```

上述信息提示用户接下来要执行的操作命令，我们只需要根据提示进入 webClient 目录中，并执行 npm install 和 npm run dev 这两个命令来安装编译客户端时所需的依赖项并启动测试服务器。需要说明的是，如果读者使用的是 Windows 系统，在执行 npm run dev 命令时有可能会报出 ESBuild 程序不存在的错误，在这种情况下，我们只需要在项目根目录下执行 node .\node_modules\esbuild\install.js 命令手动安装该程序，然后重新执行 npm run dev 命令即可。

最后，由于 npm run dev 命令启动的只是一个用于辅助客户端开发的、热部署的项目测试服务器，所以通常在文件目录中是看不到客户端在编译、打包之后输出的文件的。如果希望获得这些文件，我们还需要另外在 webClient 目录下再执行 npm run build 命令，会生成一个名为 dist 的目录，该目录中存放的就是我们想要获得的 Web 源代码文件。接下来，我们的任务就是要让服务端响应客户端对该目录中文件的访问请求。

4.2.2　配置静态资源服务

接下来，我们要做的就是将客户端生成的 dist 目录设置为 HTTP 服务的静态资源目录，具体执行步骤如下。

1. 重新打开[项目根目录]/app.js 文件并将其修改如下（请参考代码中进行了注释的部分）。

```
const express = require('express');
const path = require('path');
const cookieParser = require('cookie-parser');
const logger = require('morgan');

const indexRouter = require('./routes/index');
const usersRouter = require('./routes/users');
const resumesRouter = require('./routes/resumes');

const app = express();

app.use(logger('dev'));
app.use(express.json());
app.use(express.urlencoded({ extended: false }));
app.use(cookieParser());
// 将静态资源目录改为 webClient/dist 目录
// app.use(express.static(path.join(__dirname, 'public')));
app.use(express.static(path.join(__dirname, 'webClient/dist')));
```

```
app.use('/', indexRouter);
app.use('/users', usersRouter);
app.use('/resumes', resumesRouter);

module.exports = app;
```

2. 在保存上述文件中的修改，并回到项目根目录下执行 `npm start` 命令重新启动 HTTP 服务之后，我们再次使用 Web 浏览器打开 `http://localhost:3000/`这个 URL，届时就会看到一个依据 Vue.js 框架的项目模板构建的"Hello, World"示例页面，其效果如图 4-2 所示。

图 4-2　"Hello,World"示例页面

至于如何再将这个"Hello, World"示例页面改造成当前应用程序真正可用的用户页面，就属于客户端开发者们的工作了，并不属于本书讨论的范围，这里就不再进一步展开讨论了。如果读者对这部分的内容感兴趣，可以去参考本书的前作《Vue.js 全平台前端实战》中的相关介绍。

4.3　项目实践

在掌握了上述知识之后，我们就可以正式地实现之前在第 2 章中为"线上简历"应用程序设计的服务端 API 了。在接下来的内容中，我们将以其中 usersRouter 模块中的 API 为例，具体演示在面向现实需求时该如何实现应用程序的 RESTful API，以便帮助读者进一步巩固在本章中所学到的知识。现在，就请读者跟随笔者回到"线上简历"这个示例中，打开[项目根目录]/routes/users.js 文件，并进行接下来的工作。

在开始所有工作之前，我们首先要加载第 3 章中已经实现了的数据库 API。读者可以根据自己的喜好选择使用 MySQL 或 MongoDB，我们在这里以 MongoDB 为例展开后续工作，其具体加载代码如下。

```
// const dbApi = require('./useMysql');
const dbApi = require('./useMongodb');
```

下面就可以正式地实现 API 了，我们首先要实现的是用于注册新用户的 API。该 API 要响应的是一个 URL 为/resumes/newuser 的 POST 请求。客户端在调用该 API 时会通过表单界面提供要添加的用户数据，所以我们要做的就是使用 req.body 属性获取到这些数据并检验其有效性，然后调用 dbApi.insert()方法将这些数据写入数据库，最后根据数据库操作的结果返回服务端的响应信息。其具体代码如下。

```
// 用户注册
router.post('/newuser', async function(req, res, next) {
    // 确认表单数据不为空
    if(JSON.stringify(req.body) == '{}') {
        res.status(400).json({
            'message' : '服务端没有收到有效数据'
        });
    }
    // 执行数据写入操作
    const  isAdded
        = await dbApi.insert('users', req.body);
    // 返回服务端响应信息
    if(isAdded) {
        res.status(200).json({
            'message' : '用户注册成功'
        });
    } else {
        res.status(500).json({
            'message' : '用户注册失败'
        });
    }
});
```

然后要实现的是用于用户登录的 API。该 API 要响应的是一个 URL 为/users/session 的 POST 请求。客户端在调用该 API 时会通过表单来提供用户名和密码，所以我们要做的就是使用 req.body 属性获取到这些数据并检验其有效性，然后通过调用 dbApi.checkUser()方法来验证用户的登录权限，登录成功时返回 cookie 数据以记录登录状态，登录失败则响应 302 状态码及相关提示。其具体代码如下。

```
// 用户登录
router.post('/session', async function(req, res, next) {
    // 确认表单数据不为空
    if(JSON.stringify(req.body) == '{}') {
        res.status(400).json({
            'message' : '服务端没有收到有效数据'
        });
    }
    // 查看指定用户是否有登录资格
    const user
        = await dbApi.checkUser(req.body);
    // 返回服务端响应信息
    if(user.length != 1) {
        res.status(302).json({
            'message' : '用户名或密码错误'
        });
    } else {
        res.status(200).json({
            'uid' : user[0].uid,
            'message' : '用户登录成功'
        });
    }
});
```

接下来要实现的是用于修改用户数据的 API。该 API 要响应的是一个 URL 为 /users/<用户的 ID>的 PUT 请求。客户端在调用该 API 时会通过 URL 参数和表单来传递要修改的数据，所以我们要做的就是分别使用 req.params 和 req.body 这两个属性获取到这些数据并检验其有效性，然后通过调用 dbApi.update()方法来更新数据库中的指定数据，最后根据数据库操作的结果返回服务端的响应信息。其具体代码如下。

```
// 修改用户数据
router.put('/:id', async function(req, res, next) {
    // 确认用户 ID 有效并且有查看权限
    if(JSON.stringify(req.params) == '{}' ||
        JSON.stringify(req.body) == '{}') {
        res.status(400).json({
            'message' : '服务端没有收到有效数据'
        });
    } else if(JSON.stringify(req.cookies) == '{}') {
        res.status(302).json({
            'message' : '用户尚未登录'
        });
    } else if(req.cookies['uid'] != req.params.id) {
```

```
        res.status(403).json({
            'message' : '你无权限修改该用户数据'
        });
    }
    const  isUpdated
        = await dbApi.update('users', req.params.id, req.body);
    // 返回服务端响应信息
    if(isUpdated) {
        res.status(200).json({
            'message' : '用户数据修改成功'
        });
    } else {
        res.status(500).json({
            'message' : '用户数据修改失败'
        });
    }
});
```

下面，我们来实现用于删除用户数据的 API。该 API 要响应的是一个 URL 为 /users/<用户的 ID>的 DELETE 请求。客户端在调用该 API 时会通过 URL 参数来指定要删除的用户，所以我们要做的就是使用 req.params 属性获取到用户的 ID 并检验其有效性，然后通过调用 dbApi.delete()方法来从数据库中删除指定数据，最后根据数据库操作的结果返回服务端响应信息。其具体代码如下。

```
// 删除用户数据
router.delete('/:id', async function(req, res, next) {
    // 确认用户 ID 有效并且有查看权限
    if(JSON.stringify(req.params) == '{}') {
        res.status(400).json({
            'message' : '服务端没有收到有效数据'
        });
    } else if(JSON.stringify(req.cookies) == '{}') {
        res.status(302).json({
            'message' : '用户尚未登录'
        });
    } else if(req.cookies['uid'] != req.params.id) {
        res.status(403).json({
            'message' : '你无权限删除该用户数据'
        });
    }
    const isDel
        = await dbApi.delete('users', req.params.id);
    // 返回服务端响应信息
    if(isDel) {
```

```
            res.status(200).json({
                'message' : '用户数据删除成功'
            });
        } else {
            res.status(500).json({
                'message' : '用户数据删除失败'
            });
        }
});
```

最后要实现的是用于查看用户数据的 API，该 API 要响应的是一个 URL 为 /users/<用户的 ID>的 GET 请求。客户端在调用该 API 时会通过 URL 参数来指定要查看的用户，所以我们要做的就是使用 req.params 属性获取到用户的 ID 并检验其有效性，然后通过调用 dbApi.getDataById()方法来从数据库中查找指定数据，如果查找成功，就将其作为响应数据返回，如果查找失败，则响应 404 页面。其具体代码如下。

```
// 查看用户数据
router.get('/:id', async function(req, res, next) {
    // 确认用户 ID 有效并且有查看权限
    if(JSON.stringify(req.params) == '{}') {
        res.status(400).json({
            'message' : '服务端没有收到有效数据'
        });
    } else if(JSON.stringify(req.cookies) == '{}') {
        res.status(302).json({
            'message' : '用户尚未登录'
        });
    } else if(req.cookies['uid'] != req.params.id) {
        res.status(403).json({
            'message' : '你无权限查看该用户数据'
        });
    }
    const user
        = await dbApi.getDataById('users', req.params.id);
    // 返回服务端响应信息
    if(user.length != 1) {
        res.status(404).json({
            'message' : '指定用户数据不存在'
        });
    } else {
        res.status(200).json(user);
    }
});
```

至此，我们就实现了一个具备基本功能的用户管理模块。同样地，我们也可以使用

curl 工具来模拟客户端的用户操作。例如，在如下终端交互记录中，我们分别用 curl 工具模拟了用户注册、用户登录、查看用户数据等一系列操作，读者可以看到这些命令各自从服务端收到的响应数据。

```
# 模拟用户注册
$ curl -d "user=owlman&passwd=6789" http://localhost:3000/users/newuser
{"message":"用户注册成功"}
```

```
# 模拟用户登录
$ curl -d "user=owlman&passwd=6789" http://localhost:3000/users/session -v
*   Trying 127.0.0.1:3000...
* Connected to localhost (127.0.0.1) port 3000 (#0)
> POST /users/session HTTP/1.1
> Host: localhost:3000
> User-Agent: curl/7.79.1
> Accept: */*
> Content-Length: 23
> Content-Type: application/x-www-form-urlencoded
>
* Mark bundle as not supporting multiuse
< HTTP/1.1 200 OK
< X-Powered-By: Express
< Set-Cookie: uid=1; Path=/
< Content-Type: application/json; charset=utf-8
< Content-Length: 32
< ETag: W/"20-HwMD8AmQa/2LiscsUL7+tMaEZkM"
< Date: Wed, 25 May 2022 11:32:47 GMT
< Connection: keep-alive
< Keep-Alive: timeout=5
<
{"message":"用户登录成功"}* Connection #0 to host localhost left intact
```

```
# 模拟查看用户数据
$ curl --cooike "uid=1" http://localhost:3000/test/users/1
[{"_id":"628e1284d56775c3d22dc903","user":"owlman","passwd":"6789","id":1}]
```

```
# 模拟修改用户数据
$ curl -X PUT --cooike "uid=1" -d "user=owlman&passwd=1234" http://localhost:3000/users/1
{"message":"用户数据修改成功"}
```

```
# 模拟查看用户数据
$ curl --cooike "uid=1" http://localhost:3000/test/users/1
[{"_id":"628e1284d56775c3d22dc903","user":"owlman","passwd":"1234","id":1}]
```

```
# 模拟删除用户数据
$ curl -X DELETE --cooike "uid=1" http://localhost:3000/test/users/1
{"message":"用户数据删除成功"}
```

当然，上述模拟过程也从侧面证明了在服务端只依靠 cookie 数据来验证用户权限是一个非常不明智的选择。我们在这里基于在书中展示的需要，对服务端的安全验证机制做了很大程度上的简化，毕竟这方面的内容并不是我们目前需要重点关注的内容。同样地，由于 resumesRouter 模块中的 API 在实现过程中会涉及更复杂的数据存储操作，也不便于在书中展示，但它的基本实现步骤与 usersRouter 模块是相同的，所以我们在这里就将它的实现留给读者自行练习。

第二部分

服务端项目的运维

在本书的第一部分内容中，我们以"线上简历"应用的开发过程为例，引导读者了解了如何基于 Express.js 框架来实现基本的应用程序服务端，并借助这个过程介绍了开发 C/S 架构的应用程序的服务端项目所要经历的工作流程。在接下来的第二部分内容中，我们将进入该服务端项目的运维阶段，继续介绍如何在服务器上部署应用程序的服务端，并维护该服务端所依赖的运行环境。在介绍过程中，我们同样将以"线上简历"应用的服务端项目为例，用 4 章的篇幅具体演示如何用传统的、非容器化的方式将一个基于 Express.js 框架的服务端应用部署到服务器上，并基于这个部署过程来探讨如何进一步使用 Docker、Kubernetes 等容器化部署工具来提高应用程序服务端运维工作的效率。

- 第 5 章 非容器化部署应用
- 第 6 章 应用程序的容器化
- 第 7 章 自动化部署与维护（上）
- 第 8 章 自动化部署与维护（下）

第 5 章　非容器化部署应用

在这一章中，我们会具体演示如何将之前开发的"线上简历"应用程序部署到真正的服务器环境中，并以传统的、非容器化的方式对它进行维护。在这一过程中，我们将依次为读者介绍服务端运维工作的主要内容、基本流程、所要使用的工具以及这些工具的具体使用方法。总而言之，在阅读完本章内容之后，我们希望读者能够：

- 了解应用程序服务端运维工作的内容；
- 掌握非容器化部署应用程序的工作流程；
- 在实践中发现非容器化部署面临的问题。

5.1　运维工作简介

在正式演示如何使用传统的方式在服务器上部署基于 Express.js 框架的应用程序之前，我们先花一点篇幅来简单介绍一下应用程序的服务端运维本身是一项怎样的工作，目的是让读者对这项工作要完成的任务有一个基本的了解，以便后续在聚焦于某项具体任务的讨论时能始终保有一个鸟瞰式的全局视野。

正如我们在第 1 章中所介绍的，由于类 Linux 系统凭借着其低成本、高效率、支持开源以及原生支持多进程多用户等优势，在当今服务器操作系统领域占据了绝对的主导地位，因此在部署基于 C/S 架构的应用程序时，我们首先要熟悉的工作环境大概率就是 Linux 操作系统。这意味着，针对应用程序服务端的运维工作首先就是对 Linux 操作系统的维护工作，其主要任务是确保 Linux 系统本身能安全、稳定、高效地运行。为了很好地完成工作，我们需掌握以下技能。

- 若干种面向服务器的 Linux 发行版的安装与配置方法。
- 在 bash 等终端环境中安装与配置应用程序的技能。
- 利用 SSH、RDP 等网络协议远程登录并操作服务器的技能。

需要特别说明的是，由于在大多数情况下，我们对服务器的操作都是通过远程登录的形式来完成的，而这种形式的操作界面大部分都属于 bash 这样的终端环境，所以除了熟悉 ls、cp、rm、mkdir 和 cd 这样的文件系统操作命令之外，适当掌握一些像 Vim、Nano 这样的纯文本/代码编辑器的使用方法是非常有必要的，毕竟在运维工作中，总有一些代码或软件的配置文件是需要运维人员直接在服务器上修改的。在掌握了 Linux 操作系统本身的维护方法之后，我们在运维工作中的下一个任务就是构建应用程序所使用的网络服务。

正如大家所知，在 C/S 架构之下，应用程序的客户端和服务端之间必须要通过某种网络协议来进行数据通信，例如许多网络游戏使用的是 UDP，而网络云盘使用的是 FTP、SFTP 等协议，这里的每个网络协议都对应着服务器上的一个服务软件。运维人员要做的就是在服务器上安装并配置这些服务软件。具体到接下来要部署的基于 Express.js 框架的应用程序，我们要构建的就是 HTTP 服务和数据库服务。因此，如果想要完成该类应用程序的运维工作，我们就需要掌握以下技能。

- Apache、Nginx 这类专用 HTTP 服务软件的安装方法。
- MySQL、MongoDB 等数据库系统的安装与配置方法。
- 使用 Git、FTP 等工具将应用程序上传到服务器的方法。
- 反向代理、域名解析等 HTTP 服务的配置方法。

待应用程序部署完成，并正式面向用户开始提供服务之后，服务端运维工作的重心就转向了应用程序的日常维护。这部分工作的内容涵盖应用程序在整个生命周期中可能发生的各种事宜，目标就是确保应用程序服务端的稳健、安全运行。为此，我们需要掌握以下主要技能。

- 监控服务器与应用程序服务端的运行状态，具体包括使用 Nagios 这样的服务监控工具，以及 PM2 这类基于 Node.js 运行平台的进程管理工具等。
- 面向应用程序服务端的故障管理，具体包括能对可能发生的故障设计处置预案，并能根据这些预案编写自动化运维脚本。
- 管理应用程序服务端的数据存储容量，具体包括能在存储容量不足时重新规划服务器的硬件配置，并能安全、稳健地完成数据的备份、扩容、迁移等工作。
- 优化服务器，具体包括服务器所在的网络环境优化、操作系统优化、服务软件优化等，目的是提高应用程序服务端对其客户端的响应速度，改善用户体验。
- 管理服务器上的任务和流量调度，具体包括能根据数据容量和服务状态在各个机房分配流量，以及针对各种定时/非定时任务的调度触发及状态监控。
- 保障应用程序的预先安全，具体包括设置防火墙、设置防网络攻击机制、进行权限控制等。
- 建立应用程序的自动发布部署，具体包括部署平台/工具的研发及对这些平台/工具的使用。

　　除了以上这些技能之外，凡是能够改善应用程序在服务端的运行质量、效率、成本、安全等方面的工作，以及这些工作所涉及的技术、组件、工具、平台，都属于服务端运维的范畴。对于任何一个想做好运维工作的人来说，掌握的技术自然是多多益善的，毕竟对待计算机领域的任何一项工作，永远都要与时俱进。当然，虽然我们在具体运维技术上的追求如逆水行舟，不进则退，需永远保持学无止境的心态，但服务端运维的主要工作内容大致就是如此了。

5.2 部署工作流程

　　在了解了服务端运维工作的大致面貌之后，我们就可以具体地介绍部署 Express.js 应用程序所需要执行的基本任务了。在这个介绍过程中，我们将会以 `01_Hello Express` 这个简单的 Express.js 项目为例，来为读者初步演示如何部署基于 Node.js 平台运行的 HTTP 服务端应用。

5.2.1 选择服务器设备

　　首先要做的就是找到一台可以安装某种 Linux 发行版的计算机，以便充当用于部署应用程序的服务器。如果是在实验环境下，这台计算机就既可以是任何一台闲置的 PC，也可以是一台虚拟机。而如果是在生产环境下，则最好是选购一台专用的服务器设备或者从阿里云、亚马逊等服务商那里购得云服务器。当然，不同的设备方案都伴随着相应的支出，而控制项目成本这件事本身也是运维工作的重要任务，建议读者能根据自己的实际需求做出谨慎的选择。

　　如果读者选择的是一台物理计算机设备，或者是用 VirtualBox、VMware 这样的虚拟机软件构建的虚拟服务器，那么接下来的任务就是为它安装一款合适的 Linux 发行版。有关这方面的工作，我们在第 1 章中已经以 Ubuntu 为例介绍过了，这里就不再重复了。唯一需要补充说明的是，如果读者配置的是一台纯服务器用途的计算机，可以在安装时选择不带图形界面及其相关应用程序的方案，这将有助于减少不必要的系统资源占用。

　　而如果读者选择的是购买一台云服务器，那么在选购的时候要注意以下参数。

- **服务器的地理位置**：这是影响应用程序服务端响应速度的一个重要因素。众所周知，网络信号在传输过程中或多或少都会有一定的损耗，服务器所在的地理位置离目标客户群所在的地方越近，其响应客户端访问的速度就越快。所以，如果我们的应用程序主要面向的是浙江的客户，那么位于杭州的云服务器无疑是最佳的选择，而如果我们的目标客户都在国外，那么可以根据客户所在的地方选择位于新加坡、日本等地的云服务器。

- **服务器的 CPU 性能**：这是影响服务器性能的核心因素，代表了云服务器的运算能力。在理想状态下，自然是 CPU 的性能越优越，服务器处理应用程序服务端业务的能力就越强，但随之而来的是更高的成本。因而，运维人员应该能根据项目的实际需求来做出性价比较高的选择。

- **服务器的内存大小**：在符合冯·诺依曼体系的计算机设备中，内存被视为数据的中转站，它的大小直接决定了服务器的可用缓存，也将在很大程度上影响应用程序的执行速度。当然，内存和 CPU 一样，也是一分钱一分货，运维人员也需要根据项目的实际需求来做出性价比较高的选择。例如对于个人博客这样的应用程序，通常就不必配置太大的内存，而如果是电子商务网站之类的应用程序，内存就需要配置得相对大一点。

- **服务器的硬盘容量**：这是运维人员管理数据容量的主要参数。我们通常需要从两个角度来考虑这个问题，一个角度是应用程序要存储的数据类型，如果要存储的是高清图片或视频数据，那硬盘容量自然就要大一些。另一个角度是对数据增长速度的预计，例如评估应用程序每天大概会新增多少数据，然后根据增速和某些既定的公式就可以计算出该应用程序在未来 1～3 年内所需的硬盘容量。运维人员在考虑这个问题时，不仅要考虑所选购硬盘设备的性价比，还需要考虑一旦需要更换硬盘设备，在迁移数据时所要付出的开销和承担的安全风险。

- **服务器的网络带宽**：这是决定服务器能承受多少流量的主要参数。带宽与流量之间的换算比例通常是 1：150，换句话说，1M 带宽=150MB 流量。例如，对于一个日均两三百人访问的服务器，我们通常只需要为其配置 1M～2M 的带宽就足够了，如果应用程序的服务端在某些日子会出现访问量爆发式增长的情况（例如电子商务类网站在"双十一""黑色星期五"之类的购物季期间），那么运维人员可以考虑在这期间给服务器增加临时带宽，这样做可以节约成本。

- **服务器的操作系统**：云服务器的操作系统是无须用户手动安装的，其服务商通常会在服务器的购买选项中列出一系列主流的服务器操作系统，以供用户做出选择。运维人员可以根据项目的具体需求选择合适的 Linux 发行版，甚至是 Windows Server 系统。

具体到我们接下来要部署的应用程序，读者只需要为其配备一台符合 Ubuntu 20.04

系统最低配置要求的计算机设备即可，读者可以在 Ubuntu 的官方网站上找到相关配置参数，如图 5-1 所示。

图 5-1　Ubuntu 的最低配置说明

当然，在现实条件允许的情况下，笔者更希望读者能准备一台至少配置了双核 64 位 CPU、4GB 内存大小、8GB 硬盘容量的计算机，以便能获得更好的学习和实践体验。

5.2.2　配置服务器环境

在准备好服务器设备，并为其安装好操作系统之后，我们就可以利用 SSH 协议，以系统管理员的身份远程登录到该服务器上了。例如，笔者在一台以 Windows 11 为操作系统的 PC 上就可以执行以下步骤远程登录到之前在第 1 章中配置的虚拟服务器上。

1. 先进入虚拟机中，使用 `sudo ps -e | grep ssh` 命令确认服务器上已经启动了 SSH 服务，如果返回列表中包含 `sshd` 进程项目，就说明该服务已经启动，否则可执行 `sudo service ssh start` 命令来启动该服务。而如果当前服务器上没有安装 SSH 服务，则可执行 `sudo apt install openssh-server` 命令来安装它（如果读者购买的是云服务器，这一步骤可以省略，因为它通常都会为用户提供该服务）。

2. 在虚拟机中使用 `ifconfig` 命令[1]获取到服务器在当前网络中的 IP 地址，例如在笔者这里，服务器位于局域网内，获取到的是 `192.168.31.218` 这样的内

---

1 如果被告知当前系统中没有 ifconfig 命令，可执行 sudo apt install net-tools 命令来进行安装。

网 IP 地址。

3. 在 Windows 客户机上打开 MobaXterm 这样的远程登录软件,新建一个 SSH 会话,在其中输入虚拟机的 IP 地址、要使用的管理员账户和密码,然后启动会话进行连接即可。如果一切顺利,我们就可以像图 5-2 所示的那样操作这台虚拟服务器了。

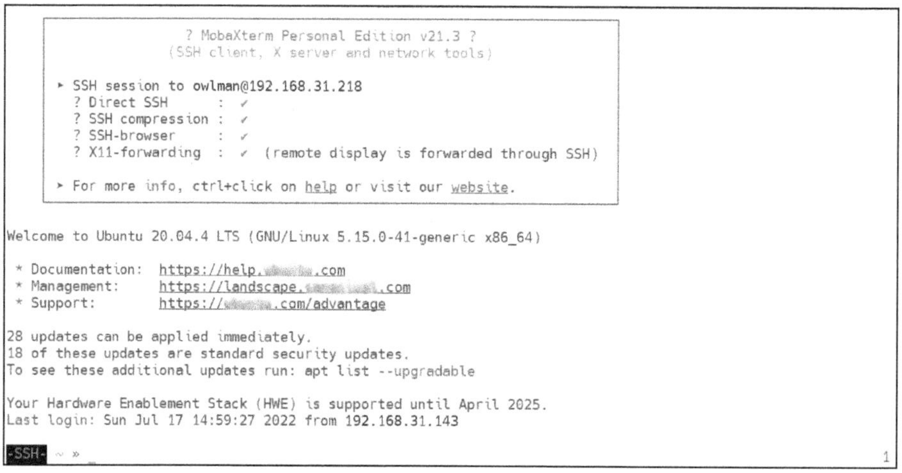

图 5-2　远程登录并操作虚拟服务器

接下来的任务就是在该服务器上安装一些会用到的工具。其中,除了之前在第 1 章中介绍过的 Node.js 运行平台之外,我们现在还需要安装一些与应用程序服务端运维相关的常用工具。在这里,我们首先要推荐读者安装的就是 Git 版本控制系统(下面简称Git)。该版本控制系统同时也是一款非常好用的源代码分发与管理工具,我们在运维工作中经常会使用它将应用程序的源代码上传到服务器上,并在后续工作中对其进行版本迭代。在 Ubuntu 系统中,安装并配置 Git 的基本步骤如下。

1. 在 bash 等终端环境中远程登录到服务器上,并执行 `sudo apt install git`命令来安装 Git。待命令执行完成之后,可继续执行 `git --version` 命令来验证安装结果,如果该命令返回了 Git 的版本信息,就表示 Git 的安装已经成功。

2. 在确认 Git 安装成功之后,接下来就可以执行以下命令以便对该版本控制系统进行一些基本的全局设置。

```
git config --global user.name '<你的用户名>'
git config --global user.email '<你的电子邮件地址>'
git config --global push.default simple
git config --global color.ui true
git config --global core.quotepath false
```

```
git config --global core.editor vim
git config --global i18n.logOutputEncoding utf-8
git config --global i18n.commitEncoding utf-8
git config --global color.diff auto
git config --global color.status auto
git config --global color.branch auto
git config --global color.interactive auto
git config --global core.autocrlf input
```

接下来，我们需要让这个本地的 Git 关联到某个支持 Git 的远程仓库服务上，以便获取开发人员提交到远程仓库中的源代码。例如，如果我们想使用 GitHub 提供的远程仓库服务，那么就需要为其专门配置一个 SSH 密钥，具体步骤如下。

1. 在系统用户目录[1]下查看是否已经存在一个名为 .ssh 的目录（请注意，这是一个隐藏目录），该目录下通常会存有 id_rsa 和 id_rsa.pub 这两个文件。如果没有，就需要生成新的密钥，其命令序列如下。

```
$ ssh-keygen -t rsa -C "<你的电子邮件地址>"
Enter file in which to save the key (~/.ssh/id_rsa):
Enter passphrase (empty for no passphrase):<设定一个密钥>
Enter same passphrase again:<重复一遍密钥>
Your identification has been saved in ~/.ssh/id_rsa.
Your public key has been saved in ~/.ssh/id_rsa.pub.
The key fingerprint is:
    e8:ae:60:8f:38:c2:98:1
d:6d:84:60:8
c:9e:dd:47:81 <你的电子邮件地址>
```

2. 将 id_rsa.pub 文件中的公钥（public key）通报给我们所需要提交的 Git 服务端（这里以 GitHub 为例，向其他服务器通报的方式请参考相关的文档说明），具体操作步骤是：先打开 GitHub 的设置页面，然后进入其 "SSH and GPG keys" 页面中，并单击 "new SSH key" 按钮，最后将 id_rsa.pub 文件中的内容以纯文本字符串的形式填写到图 5-3 所示的表单中。

3. 在保存了上述设置之后，我们就可以回到服务器的终端环境中，通过执行 ssh -T git@github.com 命令来测试客户端的配置是否成功了。如果在该命令返回的信息中看到了类似下面这样的欢迎信息，就说明我们面向 GitHub 的 Git 配置工作完成了。

```
Hi <你的用户名> You've successfully authenticated, but GitHub does not provide
shell access.
```

---

1 在 Linux 系统中，通常指的是/home/<你的用户名>目录。

图 5-3　GitHub 的"SSH and GPG Key"页面

现在，假设 01_Hello Express 项目的开发人员之前已经将应用程序的源代码托管在了 git@github.com:owlman/Hello Express.git 这个远程仓库[1]中，那么运维人员要做的就是以 SSH 的方式远程登录到服务器上，并进入某个指定用于部署应用程序的目录中，然后通过执行 git clone git@github.com:owlman/Hello Express.git 命令将项目所实现的应用程序源代码复制到该服务器上。如果整个复制过程一切顺利，我们就会在当前目录下看到一个名为 Hello Express 的新增子目录，其中所存放的就是接下来要部署的应用程序的源代码。而且，使用 Git 来获取源代码还有另一个好处，那就是在针对该应用程序的后续维护过程中，如果我们想同步获取开发人员提交到远程仓库中的修改，就只需要在终端中进入 Hello Express 目录中，并执行 git pull origin master 命令拉取项目的最新版本即可。

除了 Git 之外，我们也可以选择在服务器上开启一个 FTP 服务，然后让开发人员直接从他们的开发环境中将源代码上传到该服务器上，但如果这样做，就等于使应用程序失去了 Git 这一道维护机制，这会让运维人员在后续工作中面临一定的风险。例如，一旦应用程序在版本更新过程中出错，运维人员就无法直接在服务器上对应用程序执行版本回滚等操作，这无疑会延长应用程序处于故障状态、无法为用户提供服务的时间，在生产环境中这通常意味着一定程度的经济损失。当然，我们在这里只演示了如何在服务

---

1 请注意，这里只是一个假设，该远程仓库事实上并不存在。

器上使用 Git 获取到应用程序源代码的步骤，并不包括版本回滚等操作的介绍。如果读者对 Git 并不熟悉，可通过参考本书附录 A 中的介绍来进一步了解这一工具的使用方法。

　　除了安装用于上传和更新应用程序源代码的工具之外，我们还需要通过执行 `sudo apt install vim wget curl openssl libssl-dev build-essential` 这一命令来安装以下常用工具。

- **Vim**：这是在终端环境中最著名的文本/代码编辑器之一，如果读者喜欢，也可以选择 Nano 等其他同类型的编辑器。由于我们在大多数情况下是以终端的形式操作服务器的，所以在服务器上配置这样一个编辑器是必不可少的。

- **Wget**：这是一款可用于在终端中下载文件的工具，如果我们需要以 HTTP 或 FTP 的方式直接将网络上的某个资源下载到服务器上，通常就需要使用这一工具。

- **curl**：这是一款功能强大的 HTTP 请求模拟工具，如果我们想要在服务器上模拟 Web 浏览器发出的 HTTP 请求，通常就需要使用这一工具。

- **OpenSSL**：这是一个主要用于部署 SSL 证书的安全套接字层密码库，主要由 SSL 协议库 libssl（即上述安装命令中的 `libssl-dev` 包）、密码算法库 libcrypto 以及相关的命令行工具 3 个部分组成。如果我们希望将针对应用程序服务端的访问协议由 HTTP 升级到 HTTPS，就需要用到这个库。

- **build-essential**：这是 GUN 开发工具包，包括 GCC、make、GDB 等开发工具及其所依赖的程序库。在 Linux 系统中，许多软件都是用这个工具包来开发的，自然也会在运行时依赖于这个工具包中的某些程序库。所以如果有人想要在 Linux 系统中进行应用程序开发与维护的工作，他就有很大的概率需要用到这个工具包里的东西，我们在这里选择一开始就将它安装在服务器上，以免在后续工作中遇到麻烦。

　　同样地，如果读者对 Vim、Wget、curl 等在终端中使用的工具不甚熟悉，也可以通过自行参考这些工具的官方文档来了解它们的基本使用方法。总而言之，在获取到项目源代码，并安装好可能用到的相关工具之后，我们接下来就可以正式地部署应用程序了。

　　由于 `01_Hello Express` 示例项目所实现的本质上是一个基于 Node.js 运行平台和 HTTP 服务的 C/S 架构的应用程序，所以部署该应用程序的核心任务就是在服务器上将其配置成一个可在生产环境中面向大众用户的 HTTP 服务。这意味着，该服务至少要能在既定的单位时间内负载一定量级的客户端请求，并且以合理的速度响应这些请求，而读者之前在开发环境中使用 `node index.js` 命令启动的简单 HTTP 服务通常只能用于开发者个人的测试工作，它在负载能力和性能上是完全达不到生产环境中的基本要求的。所以，我们接下来的任务就是分别从 Node.js 运行平台和 HTTP 服务这两方面着手来设法解决这一问题。

5.2.3　使用进程管理器

针对 Node.js 运行平台本身，我们推荐读者使用一个名为 PM2 的工具来启动应用程序。它是内置了负载均衡功能的 Node.js 进程管理器，它支持在后台运行应用程序并提供了监控其运行状态的工具，而且能无宕机地重启应用程序，在必要时还能自动终止不稳定的进程，是一款非常简单易用的、面向基于 Express.js 框架的应用程序的快速部署工具。下面，就让我们来介绍一下该工具的安装与基本使用步骤。

1. 在 bash 等终端环境中远程登录到服务器上，并执行 sudo npm install pm2 --global 命令来安装 PM2。待命令执行完成之后，可继续执行 pm2 --version 命令来验证安装结果，如果该命令返回了 PM2 的版本信息，就表示它的安装已经成功。在本书中，我们安装的是 5.2.0 版本的 PM2。

2. 进入之前创建的 Hello Express 目录中，并执行 pm2 start index.js 命令即可启动应用程序。并且，PM2 还会同时返回一份 Node.js 运行平台的进程列表（读者也可以通过单独执行 pm2 list 命令来查看该列表），如图 5-4 所示。现在，如果我们在服务器上使用 Web 浏览器打开 http://localhost:3000 这个 URL，就可以访问该应用程序，效果与我们之前在开发环境下看到的是相同的。

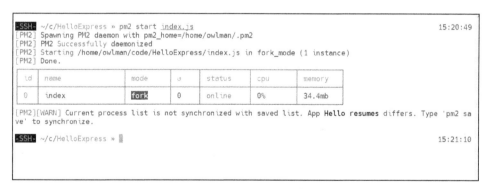

图 5-4　Node.js 运行平台的进程列表

3. 如果我们想终止应用程序的运行，只需要根据图 5-4 中列出的进程 ID 执行 pm2 stop 0 命令即可。当然，如果读者觉得使用 0 这样的 ID 来管理进程不够直观，也可以在启动应用程序时使用 PM2 的 --name 参数来为其所在的进程赋予一个名称。例如，如果我们使用 pm2 start index.js --name hello 命令来启动 "Hello Express" 应用程序，那么之后就可以使用 pm2 stop hello 命令来终止它的运行。

4．由于在默认情况下，PM2 是在系统后台运行应用程序的，所以，如果我们想具体了解"Hello Express"应用程序的运行状态，就需要通过 pm2 show hello 或 pm2 show 0 命令来查看它的运行详情，其中包含记载了应用程序的运行日志和错误输出的文件路径，这些文件中的信息对于后续的运维工作是很有帮助的。

5．在特定情况下，如果我们想重载和重启"Hello Express"应用程序，可分别通过执行 pm2 reload <标识符>和 pm2 restart <标识符>命令来实现。同样地，这里的<标识符>既可以是我们指定的应用程序名称，也可以是由 PM2 自动分配的进程 ID。

6．如果我们确定不再需要使用 PM2 工具来管理"Hello Express"应用程序，也可通过 pm2 delete hello 或 pm2 delete 0 命令来将该应用程序移出 PM2 的进程列表。

需要特别说明的是，以上介绍的只是 PM2 工具在部署和维护"Hello Express"应用程序时会涉及的一些常用命令，如果读者希望进一步了解该工具的详细信息，可以去 GitHub 上搜索 Unitech/pm2 项目并查阅其官方文档。

5.2.4　反向代理服务器

在使用 PM2 进程管理器局部改善了应用程序的负载能力之后，我们接着来针对 HTTP 服务本身做一些力所能及的性能优化。关于这方面的问题，我们通常会选择借助专门的 HTTP 服务软件所提供的反向代理功能来解决。当然，在正式为读者演示这一解决方案之前，我们先花一点儿时间来了解一下究竟什么是 HTTP 服务的反向代理以及它的工作原理。

顾名思义，反向代理（reverse proxy）本质上就是一个代理服务器，它在部署应用程序服务端工作中的用处主要有以下两种。

● **用于充当应用程序服务端的网关服务器**：如今的应用程序服务端业务中经常会涉及一些敏感信息，例如读写包含信用卡信息的数据库或存储有私密照片的文件服务等。为了提高应用程序在这些方面的安全性，运维人员通常会考虑在防火墙外部设置一个代理服务器以充当网关。这样一来，当用户使用应用程序的客户端向其服务端发送请求时，代理服务器会首先对这些请求进行甄别，只有符合安全要求的请求才会被转发给防火墙内部的应用程序服务端。这样一来，就等于在有权直接读写数据库和硬盘文件的应用程序和可能的恶意攻击之间建筑起了一道安全屏障。

● **用于充当应用程序服务端的负载均衡器**：如果应用程序的服务端每天都要处理来自其客户端的海量请求，运维人员通常也会利用反向代理服务器的高速缓存能力来搭建一个用于负载平衡的服务器池。在这种情况下，反向代理服务器会将客户端所请求的数据存入高速缓存，以便对相同的请求进行快速响应，并同时进一步降低应用程序服务端的负载，从而提高整个应用程序的性能。

换而言之，虽然我们设置反向代理服务器的主要目的是降低应用程序服务端的运行负载，并确保它的安全，但由于能提供反向代理功能的 HTTP 服务软件通常都有着很好的执行性能和可维护性，所以如今的反向代理也被视为提高应用程序服务端性能的解决方案。下面，就让我们以 Nginx[1] 这个高性能的 HTTP 服务软件为例，来具体介绍如何为基于 Express.js 框架的应用程序设置反向代理，基本步骤如下。

1. 在 bash 等终端环境中远程登录到服务器上，并执行 sudo apt install nginx 命令来安装 Nginx。待命令执行完成之后，可继续执行 nginx -v 命令来验证安装结果，如果该命令返回了 Nginx 的版本信息，就表示它的安装已经成功。在这里，我们安装的是 1.18.0 版本的 Nginx。

2. 进入 etc/nginx/conf.d/ 目录中，执行 sudo vim hello_express.conf 命令创建一个 Nginx 配置文件，并在其中输入如下内容。

```
upstream helloexpress.io {
    server 127.0.0.1:3000;
}

server {
    listen 80;
    server_name helloexpress.io;

    location / {
        proxy_set_header Host  $http_host;
        proxy_set_header X-Real-IP  $remote_addr;
        proxy_set_header X-Forwarded-For  $proxy_add_x_forwarded_for;
        proxy_set_header X-Nginx-proxy true;
        proxy_pass http://helloexpress.io;
        proxy_redirect off;
    }
}
```

3. 在保存上述文件之后，接下来的任务就是将 helloexpress.io 这个域名解析到当前服务器的 IP 地址（即 192.168.31.218）。在这里，我们设置域名解析有两种方式：如果该域名需要提供给大众使用，我们就需要先向域名提供商购买该域名，然后在其域名解析设置中添加一条解析到指定 IP 地址的 A 类记录；

---

1 Nginx 是一个高性能的 HTTP 服务软件，由俄罗斯程序员基于 C 语言开发而成，以运行稳定、低资源消耗等特点而闻名。

如果该域名只供个人使用，我们可以修改自己所在计算机中的 hosts 文件，参照文件中已有的格式添加一条新的域名解析记录，例如下面是 Windows 系统中的 hosts 文件[1]。

```
# localhost name resolution is handled within DNS itself.
# 127.0.0.1       localhost
# ::1             localhost
192.168.31.218    helloexprss.io
```

4. 在完成了域名解析任务之后，我们就可以继续回到终端中，通过执行 sudo nginx -t 命令检查配置的正确性，如果该命令返回以下信息，证明配置正确。

```
nginx: the configuration file /etc/nginx/nginx.conf syntax is ok
nginx: configuration file /etc/nginx/nginx.conf test is successful
```

5. 进入之前创建的 Hello Express 目录中，执行 pm2 start index.js 命令即可启动应用程序，然后执行 sudo nginx -s reload 命令重启 Nginx 服务进程。如果一切顺利，当我们在 Windows 系统中使用 Web 浏览器打开 http://helloexpress.io 这个域名时，就能看到图 5-5 所示的页面。

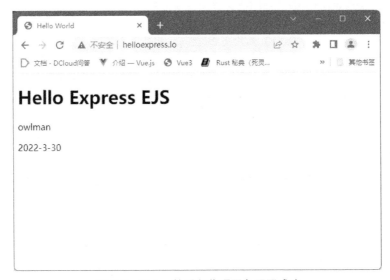

图 5-5 Nginx 的反向代理服务配置成功

同样需要特别说明的是，以上介绍的只是使用 Nginx 部署"Hello Express"应用程序时所要执行的基本步骤。正如前言中所说，我们在这里假设读者已经有一些安装和配

---

1 在 Linux 系统中，该文件的路径是/etc/hosts，而在 Windows 系统中，该文件的路径是 C:\Windows\System32\drivers\etc\hosts。

置 Apache、Nginx 这一类专用 HTTP 服务软件的经验，如果读者对 Nginx 并不熟悉，希望进一步了解这款软件的使用方法，可自行参考其他专门介绍 Nginx 的教程，或者前往该软件的官方网站查看其提供的文档资料。

5.2.5　关于之后的任务

在应用程序成功部署上线之后，运维工作的最后一项任务就是监控应用程序服务端的运行状态并对其进行日常维护。由于这部分工作涵盖应用程序所在项目的整个生命周期，其内容涉及服务端运行的方方面面，并不是简单的几个步骤就能介绍清楚的，所以我们打算将这一部分的内容留到本书的第 7 章做专题介绍，此处暂且按下不表。

5.3　项目实践

在掌握部署基于 Express.js 框架的应用程序的基本步骤之后，我们接下来就可以正式地部署以下功能更复杂、更接近于实际生产需求的"线上简历"应用了。在接下来的项目实践环节中，除了带领读者复习部署应用程序的基本步骤外，我们还需要额外完成两个在生产环境下部署应用程序时经常要做的工作。

- 数据库服务的部署工作。在生产环境下，大部分基于 Express.js 框架的应用程序的服务端业务实现都与数据库的增、删、改、查操作相关。我们接下来会以 MongoDB 数据库为例，为读者演示如何根据应用程序的实际需求在服务器环境中配置并部署指定的数据库。
- 利用反向代理服务器实现针对不同域名的"路由分发"的工作。在生产环境下，运维人员经常需要在同一台服务器设备上部署多个不同的应用程序，然后通过对反向代理服务器进行配置实现让用户根据规定的路由线路向这些应用程序的服务端发送请求。接下来，我们会在 helloexpress.io 这个域名所访问的 "Hello Express" 应用程序继续运行的情况下，实现让"线上简历"应用程序运行起来，并实现让用户使用 onlineresumes.io 这个域名来访问该应用程序的目的。

5.3.1　部署数据库

关于 MongoDB 数据库的安装过程，本书在第 1 章中已经做了详细的介绍，这里不再重复。我们现在要关注的是如何在生产环境中将"线上简历"应用程序所配备的数据库部署到服务器上，其主要步骤如下。

1. 如果我们在开发环境中已经为应用程序配置好了带有一些初始数据的数据库（例如超级管理员账号），又或者我们需要将某个现有数据库中的数据迁移到当前应用程序中，那么就需要先在该数据库所在的计算机中进入终端中，并在某个用于存放备份数据的目录中执行 `mongodump -h 127.0.0.1:27017 -d online_resumes -o ./online_resumes_backup` 命令导出数据。如果一切顺利，我们就会在当前目录下看到一个名为 `online_resumes_backup` 的子目录，其中存放的就是 `online_resumes` 数据库的数据副本。

2. 在将 `online_resumes_backup` 目录上传到服务器之后，以 SSH 的方式远程登录服务器，并进入该目录的上传位置，然后执行 `mongorestore -h 127.0.0.1:27017 -d online_resumes ./online_resumes_backup/online_resumes` 命令将数据副本导入到应用程序服务端的数据库中。如果一切顺利，当我们进入数据库的控制台界面并执行 `show databases` 命令之后，就会看到 `online_resumes` 数据库已在其中了，如图 5-6 所示。

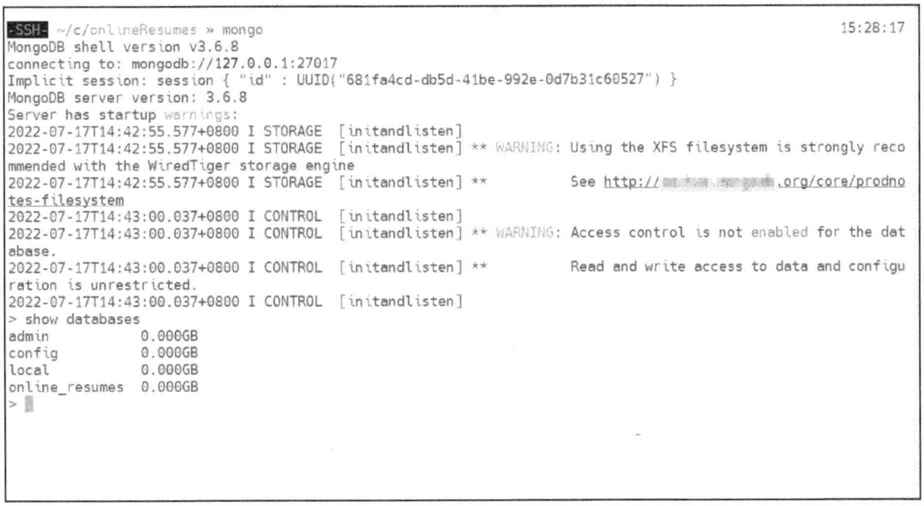

图 5-6　成功导入 `online_resumes` 数据库

5.3.2　添加反向代理

接下来，我们需要在"Hello Express"应用程序继续运行的情况下，实现在同一台服务器设备上部署"线上简历"应用程序的目的，并让用户使用 onlineresumes.io 这个域名来访问该应用程序。为此，我们需要执行以下步骤。

1. 使用 Git 或 FTP 的方式将"线上简历"应用程序的源代码上传到服务器中。在这里，我们假设该源代码在服务器上的项目根目录是/home/owlman/code/onlineResumes。

2. 以 SSH 的方式远程登录服务器，并打开 [项目根目录]/bin/www 文件，将其中的默认端口号设置为 3001。这是因为原本的端口号 3000 已被 "Hello Express" 应用程序服务端占用，具体如下。

```
#!/usr/bin/env node

const app = require('
../app');
const debug = require('debug')('02-onlineresumes:server');
const http = require('http');

// 将服务端使用的默认端口号设置为 3001
const port = normalizePort(process.env.PORT || '3001');
app.set('port', port);

const server = http.createServer(app);

server.listen(port);
server.on('error', onError);
server.on('listening', onListening);

// 以下省略若干代码
```

3. 打开 [项目根目录]/package.json 文件，将启动入口脚本的应用程序由 node 改为 pm2，具体如下。

```
{
    "name": "02-onlineresumes",
    "version": "0.0.0",
    "private": true,
    "scripts": {
        "start": "pm2 start ./bin/www --name resumes"
    },
    "dependencies": {
        "connect-history-api-fallback": "^1.6.0",
        "cookie-parser": "~1.4.4",
        "debug": "~2.6.9",
        "express": "~4.16.1",
        "knex": "^1.0.7",
        "mongodb": "^4.5.0",
        "morgan": "~1.9.1",
        "mysql": "^2.18.1"
```

```
    }
}
```

4. 继续在项目根目录下执行 npm start 命令启动应用程序，如果一切顺利，我们就会看到如图 5-7 所示的信息。

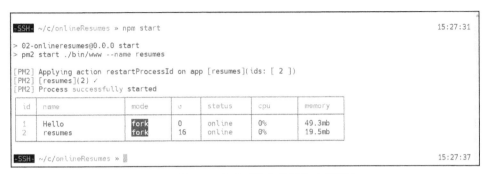

图 5-7　用 PM2 启动"线上简历"应用程序

5. 进入 etc/nginx/conf.d/目录中，执行 sudo vim online_resumes.conf 命令创建一个 Nginx 配置文件，并在其中输入如下内容。

```
upstream onlineresumes.io {
    server 127.0.0.1:3001;
}

server {
    listen 80;
    server_name onlineresumes.io;

    location / {
        proxy_set_header Host  $http_host;
        proxy_set_header X-Real-IP  $remote_addr;
        proxy_set_header X-Forwarded-For  $proxy_add_x_forwarded_for;
        proxy_set_header X-Nginx-proxy true;
        proxy_pass http://onlineresumes.io;
        proxy_redirect off;
    }
}
```

6. 在保存上述文件并执行 sudo nginx -s reload 命令重启代理之后，接下来就只需要将 onlineresumes.io 这个域名解析到当前服务器的 IP 地址（即 192.168.31.218），然后就可以通过该域名访问应用程序了，如图 5-8 所示。

图 5-8   通过 onlineresumes.io 访问应用程序

5.3.3   发现问题

至此，我们就以非容器化的方式完成了"线上简历"应用程序的部署工作，相信读者在整个工作流程中能明显地感觉到使用这种方式来部署一个基于 C/S 架构的应用程序存在着以下这些问题。

- 如果选择每次都从头开始部署一个运行某类应用程序的服务器环境，那么运维人员要做的工作将会非常烦琐，非常费时、耗力。
- 如果选择在同一台服务器设备上部署多个应用程序，那么它们之间很可能会因为缺乏恰当的隔离措施而相互干扰，例如相互占用服务端的端口号、文件系统和各自所属的进程之间彼此影响运行状态等。
- 我们在部署应用程序时总是免不了处理一些存在于应用程序与其运行环境之间的复杂依赖关系，而服务端工具的版本基本上是日新月异的，这让它们之间经常会出现一些让人难以察觉的版本不匹配问题。因此，采用传统方式来部署应用程序经常会给运维工作带来噩梦般的体验。例如，笔者就曾经因为 Knex.js 库与 SQLite3 数据库之间难以察觉的版本不匹配问题而经历了一次灾难性的部署工作，至今想起来依然心有余悸。
- 以上这些问题又会进一步不利于我们在后续维护工作中升级软硬件环境，以及应用程序在不同服务器设备或不同操作系统之间的移植。

从第 6 章开始，我们将致力于探讨如何进一步使用 Docker、Kubernetes 等工具来提高应用程序服务端运维工作的效率。

第 6 章　应用程序的容器化

在第 5 章中，我们详细地介绍了使用非容器化的方式部署基于 Express.js 框架的应用程序的工作流程，并让读者体验到了采用这种传统方式来进行运维工作时所要面临的麻烦。这些麻烦不仅会给运维工作带来高昂的成本，也会导致因思考角度的完全不同而在运维与开发这两项工作之间产生一些难以调和的矛盾。在这一章中，我们将为读者推荐旨在解决这一矛盾的 DevOps 工作理念，以及该理念所主张的容器化运维方式。总而言之，在阅读完本章内容之后，我们希望读者能够：

- 了解 DevOps 工作理念的起源及其核心诉求；
- 掌握安装与配置 Docker 等容器化工具的方法；
- 掌握使用容器化工具部署应用程序的工作流程。

6.1　软件生产理念回顾

在正式介绍 DevOps 工作理念之前，我们需要先来简单回顾一下软件生产方式的发展历程，目的是让读者系统性地了解人们在该发展历程中面临的问题，以及针对这些问题曾经提出过的解决方案，而这些方案又是如何最终催生出 DevOps 工作理念的。这对于我们之后理解该工作理念的核心诉求，并将它灵活地运用到工作实践中是非常有帮助的。

6.1.1　流水线式生产

如果读者是一位计算机软件相关专业的大学生，大概率应该学过一门叫作"软件工程"的课程。该课程所传授的往往是业界最传统的、被称为瀑布模型的软件生产方式。在这种生产方式中，一个软件从开始立项到最终交付，大致上需要依次经历需求、设计、编码、构建、测试、发布、部署和维护等若干个阶段，不同的阶段由不同的角色来负责，例如项目经理负责了解软件的需求和设计，开发人员负责软件的编码和构建，运维人员负责软件的部署和维护，测试人员负责软件的测试和质量检查，等等，整个过程就像是电影《摩登时代》里的工厂流水线，分工明确、井然有序。这样做的目的是让开发团队中的每一个人都成为某种标准生产流水线上的"工人"，使他们像螺丝钉一样工作，无须具有创意，无须具有个性，只要够熟练就行。直到今天，某些大型企业的软件开发项目也还是按照这个流程走的，但这种软件生产方式的管理理念显然是机械化生产时代的产物，它需要客户需求非常明确、开发时间非常充足，以便大家可以按部就班地执行各自的任务，但在实际生产环境中，客户需求往往是模糊不清且随时变化的，项目不是单向运作的，留给开发团队的时间也几乎永远是不足的[1]。如果我们在瞬息万变的互联网时代还继续采用这种方式从事软件生产，无疑会让开发团队显得非常庞杂而僵化，并进一步导致软件的版本迭代周期长得让人难以接受。

更重要的是，这种自上而下的、计划性的软件生产方式还存在着在许多方面严重脱离现实的问题。首先，绝大部分软件在开发初期根本不会有那么多人参与，通常都是两三个人做所有的事情，分那么多阶段、那么多工序是没有意义的。其次，在实际生产环境中，许多软件的开发任务通常都只是基于某个已有的软件框架来开发出新的产品，在这种情况下，软件的开发人员手里其实已经有了现成的开发框架，他们只需要根据特定的需求将该框架填充成具体的专用软件即可。对于原软件框架来说，这更像是给它增加一个特性分支的二次开发。例如大家可能都知道，JetBrains 公司开发的 IntelliJ IDEA 是一个带有开放性插件体系的通用性 IDE，而 Android Studio 则是一个专用于开发 Android 应用程序的 IDE，后者就是基于 IntelliJ IDEA 的插件体系开发出来的，换而言之，它可以被视为 IntelliJ IDEA 的一个特性分支。这种二次开发更像是某种意义上的维护工作，它的可行性、需求都是一目了然的，也不需要概要设计，只需要按照原有的插件体系把特定功能实现即可，bug 修复是这个项目的主要工作。所以，如何让那么多人一块儿有效地、有序地发现 bug、报告 bug、解决 bug 成了主要问题。

6.1.2　敏捷软件开发

为了解决流水线式生产带来的上述问题，业界在 20 世纪 90 年代之后陆续提出了敏捷软件开发等一系列核心理念相似的软件生产方式。在这种生产方式中，一个软件的开发工作在其立项之初就会被分割成多个子项目，这些子项目通常由一个可快速部署的核

---

1 关于传统软件工程思想在实际项目运作的过程中遇到的问题，读者可以参考弗雷德里克·布鲁克斯（Frederick Brooks）所著的文集——《人月神话：软件项目管理之道》。

心子项目和多个相互联系的分支子项目组成，它们是分别独立运作的，有各自的开发和测试过程。在整个生产过程中，最为关键的是要让核心子项目所开发的软件尽快完成部署且交付给客户，并在此后的整个项目生命周期中一直处于可使用状态。

换而言之，敏捷软件开发的主张就是先快速开发一个能满足客户最基本需求的、可供交付使用的软件原型，然后通过快速迭代版本的方式来满足不断变化的客户需求，并同时修复软件中存在着的各种 bug，逐步提高其自身的性能和稳定性。这样一来，之前流水线式的生产流程就变成了一个周而复始的循环体系，开发人员在这个体系中需要各自独立完成各种不同的小目标，然后将所有完成的小目标合起来就意味着完成大目标。这样做可以让开发团队中的每个人职责分明，以便提高软件的整体生产效率，也确实能部分解决因开发周期过长而带来的各种成本问题。

但是，这种软件生产方式也会给人带来工作视野上的局限性，且影响范围通常也只存在于开发人员之间，开发人员与运维人员之间依然壁垒分明。例如，开发人员通常希望为了增加软件的功能而升级硬件设备，并做各种大胆的尝试，而运维人员则往往希望节省开发成本，降低运维风险，不会轻易同意升级硬件设备，或反对激进的行为。双方经常会为此争执不下，从而严重影响项目进度。

6.1.3 DevOps 工作理念

为了进一步解决不同工作角色之间的协作问题，业界在 2009 年前后基于敏捷软件开发的理念进一步发展出了 DevOps 这个新的工作理念。从字面上来看，DevOps 是 development（开发）和 operations（运维）这两个英文单词的组合，所以它事实上可以被理解成一套主张开发（Dev）与运维（Ops）一体化的软件生产理念，这套理念的核心内容是希望通过制定一整套自动化流程，让软件生产的整体过程更加快捷和可靠。具体来说，它想达成以下目标：

- 定义简洁明了的自动化工作流程；
- 让开发人员更多地控制生产过程；
- 实现开发与运维一体化的工作方式；
- 以更频繁的版本迭代来换取更低的成本。

需要特别强调的是，DevOps 工作理念主张的并不是简单地在软件生产过程中将开发与运维这两项工作合二为一，这种简单粗暴的理解可能就是该工作理念一直以来难以被真正落实的主要原因。毕竟，传统的运维人员在工作思路上与开发人员是冲突的，对于他们来说稳定是压倒一切的，变化就意味着出问题，而 DevOps 工作理念的主张正是在快速迭代、频繁交付的工程中进行运维工作。所以，想要将这一工作理念真正落到实处，首先要完成的是"思想解放"。换而言之，我们要改变的并不仅仅是软件生产过程中的工作流程，更重要的是整个开发团队中的各个工作角色，从管理人员到开发人员再到运维人员和测试人员都需要在思想观念上进行变革。如果不能做到这一点，即使将所有工作集于一人，不同工作之间的思维转换也依然是个问题。

所以在真正落实 DevOps 工作理念时，我们往往需要重新制定软件项目工作流程中的一系列规范和标准。按照这些规范和标准，软件的运维人员需要在项目开发期间就积极介入到开发过程中，了解使用的系统架构和技术路线，从而制定出与之相应的运维方案。而开发人员在开发一款软件的同时也需要认真考虑在运维过程中会遇到的问题，并提供更有利于软件部署和后期维护的优化建议。总而言之，DevOps 工作理念所主张的软件生产方式考验的不仅是软件开发的技术，更是项目的组织和管理水平。相比流水线式的传统开发方式和以敏捷开发为代表的新方式，我们可以明显看出，DevOps 工作理念的影响范围贯穿了软件的整个生命周期，而不再仅限于开发阶段。

6.2　配置容器化工具

当然，如果要想真正落实 DevOps 工作理念，除了思维方式上的转变之外，我们还得使用一些特定的工具来实现工作流程的自动化。目前支持 DevOps 的软件可以说琳琅满目，其中较为常见的当属 Docker 和 Kubernetes。在接下来的内容中，我们会先为读者介绍如何使用 Docker 这个工具来实现针对基于 Express.js 框架的应用程序的容器化部署，以作为落实 DevOps 工作理念的第一步。当然，在正式展开容器化部署工作之前，我们还需要先花一点时间来初步认识一下 Docker，看看它究竟是一个怎样的运维工具，并将该工具安装到我们配置好的服务器环境中。

6.2.1　Docker 简介

和许多成功的软件项目都有一个"无心插柳柳成荫"的故事类似，Docker 原本只是一家名为 dotCloud 的 PaaS 服务提供商启动的一个业余项目，该项目在开源之后意外获得了巨大的成功，以至于 dotCloud 公司干脆放弃了原本就不景气的 PaaS 业务，并且将公司改名为 Docker,Inc，以便专职维护这个项目。该项目如今的正式名称叫 Moby，读者可以在 GitHub 上找到它。

Docker 这个词在英文中的意思是"码头工人"，这一工种的主要工作是装卸货船上的集装箱，因此该运维工具的核心工作理念就是让应用程序在服务器上的部署像装卸集装箱一样，实现标准化的组件式管理，业界称这种部署应用程序的方式为容器化部署。从概念上来看，容器的概念和传统的虚拟机比较类似，它们之间主要存在着以下区别。

- 虚拟机依赖的是计算机硬件层面上的技术,而容器是构建在操作系统层面上的,它复用的是操作系统的容器化技术。
- 虚拟机中部署的是一个完整的操作系统,而容器中封装的只是一个与指定应用程序相关的操作系统子集，相对来说更为轻量化。

- 虚拟机通常是通过快照来保存其运行状态的；而容器则引入了类似于版本控制系统的机制，这种机制可以让运维人员更方便、快速地将应用程序的运行状态切换到其之前的某个历史时间节点上。

以上区别也解释了我们为什么需要使用 Docker 这样的工具来对服务端的应用程序进行容器化部署。试想一下，如果我们基于 Vue.js 前端框架、Express.js 服务端框架以及 MongoDB 数据库开发了一个 Web 应用程序，而这些应用程序框架和数据库的版本通常日新月异，不同版本之间内部产生的变化有时也非常剧烈，很多时候基于前一个版本可用的代码，到了下一个版本就运行出错了。这就要求我们在最终部署应用程序的时候在服务器上安装指定版本的框架和数据库，这是一个非常耗时、费力且容易出错的工作。而且一旦遇到服务器故障、应用迁移等问题，这个工作又得重来一遍，其运维成本可想而知。容器的作用就是将应用程序与其所依赖的框架、数据库、操作系统固化。

Docker 本质上就是基于 Linux 容器（Linux Container，LXC）技术实现的容器管理引擎。它会将应用程序及所有程序的依赖环境打包到一个虚拟容器中，这个虚拟容器可以运行在任何一台安装了 Docker 容器引擎的服务器设备上，无论该设备是实体的物理设备，还是无实体的云主机或本地虚拟机，都不会影响我们部署容器内的应用程序。这样一来，我们就可以在任何主流的操作系统中对服务端的应用程序进行开发、调试和运行，而不必担心它的可移植性了。

6.2.2　安装 Docker

在正式安装 Docker 之前，我们首先要了解一下该产品所发布的各种版本。和所有追求盈利的软件公司一样，随着产品在市场上的不断流行与发展，Docker,Inc 公司也不能免俗地开启了将产品商业化的道路。于是，Docker 自 17.03 版本之后就被分成了 CE（Community Edition，社区版）和 EE（Enterprise Edition，企业版）两种不同的版本。其中，Docker CE 是保持免费的版本，它包含完整的 Docker 平台，非常适合开发人员和运维团队构建用于部署指定应用程序的容器。值得一提的是，Docker CE 本身还被分成了以下两个版本。

- edge 版本每月发布一次，只提供一个月的支持和维护期，主要面向那些热衷于研究 Docker 本身，喜欢尝试新功能的用户。
- stable 版本每季度发布一次，将提供 4 个月的支持和维护期，适用于希望在具体工作中对一些实际项目进行维护的用户。

Docker EE 的发布节奏与和 Docker CE 的 stable 版本基本保持一致，每个 Docker EE 版本都可享受为期一年的支持与维护期，在此期间接受安全与关键修正。总而言之，

Docker CE 并非功能上的阉割版，而 Docker EE 则只是面向企业用户增加了收费的维护服务以及一些周边产品，以求进一步降低企业运营的风险，但它们在个人的学习体验上不会有太大的区别。

在本书中，我们将以 Docker CE 为主来展开针对容器化部署议题的探讨，因此接下来的任务就是要在之前配置好的 Ubuntu 系统中安装 Docker CE。为此，我们需要执行以下步骤。

- 以 SSH 的方式远程登录到服务器上，并通过执行以下命令利用 curl 工具导入 Docker APT 软件源的 GPG 密钥。

```
curl -fsSL https://download.docker.com/linux/ubuntu/gpg | sudo apt-key add -
```

- 接着通过以下命令正式地将 Docker APT 软件源添加到 Ubuntu 的 APT 列表中。

```
sudo add-apt-repository "deb [arch=amd64] https://download.docker.com/linux/
ubuntu $(lsb_release -cs) stable"
        # lsb_release -cs 变量表达式返回的是 Ubuntu 的版本代号，在这里是 focal，代表的是 Ubuntu 20.04
```

- 最后只需要更新一下 Ubuntu 系统的软件包索引，就可以安装 Docker CE 了，具体需要执行的命令如下。

```
sudo apt update
sudo apt install \
    docker-ce \
    docker-ce-cli \
    containerd.io
```

当然，以上命令安装的是 Docker APT 软件源中的最新版本。如果我们想安装的是 Docker 的某个指定版本，则需要先执行 apt list -a docker-ce 命令获取到 Docker APT 软件源中所有可用的版本，例如像这样：

```
$ apt list -a docker-ce
Listing...
docker-ce/focal,now 5:20.10.12~3-0~ubuntu-focal amd64 [installed]
docker-ce/focal 5:20.10.11~3-0~ubuntu-focal amd64
docker-ce/focal 5:20.10.10~3-0~ubuntu-focal amd64
docker-ce/focal 5:20.10.9~3-0~ubuntu-focal amd64
docker-ce/focal 5:20.10.8~3-0~ubuntu-focal amd64
docker-ce/focal 5:20.10.7~3-0~ubuntu-focal amd64
docker-ce/focal 5:20.10.6~3-0~ubuntu-focal amd64
docker-ce/focal 5:20.10.5~3-0~ubuntu-focal amd64
docker-ce/focal 5:20.10.4~3-0~ubuntu-focal amd64
docker-ce/focal 5:20.10.3~3-0~ubuntu-focal amd64
docker-ce/focal 5:20.10.2~3-0~ubuntu-focal amd64
docker-ce/focal 5:20.10.1~3-0~ubuntu-focal amd64
docker-ce/focal 5:20.10.0~3-0~ubuntu-focal amd64
docker-ce/focal 5:19.03.15~3-0~ubuntu-focal amd64
```

```
docker-ce/focal 5:19.03.14~3-0~ubuntu-focal amd64
docker-ce/focal 5:19.03.13~3-0~ubuntu-focal amd64
docker-ce/focal 5:19.03.12~3-0~ubuntu-focal amd64
docker-ce/focal 5:19.03.11~3-0~ubuntu-focal amd64
docker-ce/focal 5:19.03.10~3-0~ubuntu-focal amd64
docker-ce/focal 5:19.03.9~3-0~ubuntu-focal amd64
```

然后根据列出的可用版本，执行以下命令来安装：

```
# 通过在软件包名后面添加""=<版本号>"的方式来安装指定版本
sudo apt install \
    docker-ce=<版本号> \
    docker-ce-cli=<版本号> \
    containerd.io
```

使用 APT 软件源来安装软件的另一个好处是，当新版本的 Docker CE 发布时，我们可以直接通过 sudo apt update 或 sudo apt upgrade 命令来进行自动升级或更新。当然，如果读者想阻止 Docker 的自动更新，也可以通过执行以下命令来"锁住"它的版本：

```
sudo apt-mark hold docker-ce
```

另外，如果读者希望了解如何在 Windows、macOS 等操作系统或者其他 Linux 发行版上安装 Docker CE，也可以自行在 Google 等搜索引擎中搜索"install docker engine"关键词，然后查看 Docker 官方提供的相应文档，例如图 6-1 中所示的是在 CentOS 中安装 Docker CE 的步骤。

图 6-1　在 CentOS 中安装 Docker CE 的步骤

6.2.3　配置工作

在 Ubuntu 这一类基于 Debian 项目的 Linux 发行版上，Docker 在完成安装的同时通常就会被自动设置为系统的开机启动服务。当然，如果需要的话，我们也可以通过执行 `sudo systemctl enable docker` 命令来手动设置该服务为系统的开机启动服务。在一切妥当之后，我们可以通过以下命令来查看 Docker 的版本并确认开机启动服务是否已被开启：

```
$ docker version
Client: Docker Engine - Community
 Version:           20.10.12
 API version:       1.41
 Go version:        go1.16.12
 Git commit:        e91ed57
 Built:             Mon Dec 13 11:45:33 2021
 OS/Arch:           linux/amd64
 Context:           default
 Experimental:      true
$ sudo service docker status
 * Docker is running
```

另外，由于在默认情况下，只有 root 用户或有 sudo 权限的用户可以执行 Docker 操作，所以如果我们平时使用的是非 root 用户账号，但又不想每次执行 Docker 操作的时候都在相关命令之前加上 sudo 前缀，也可以选择添加一个 docker 用户组，并将我们使用的非 root 用户名加入到该组中，其具体命令如下：

```
sudo groupadd docker
sudo usermod -aG docker $USER
# $USER 是一个系统环境变量，代表的是当前用户名
```

现在，如果我们想要确认 Docker 的容器管理功能是否已经可供使用，可以试着执行 `docker container run hello-world` 命令来运行一个测试容器。该命令将会从 Docker Hub[1] 中下载一个名为 hello-world 的测试镜像，并根据该镜像实例化一个容器。而该容器中的应用程序会在终端中输出如下信息后退出，然后该容器本身也会也随之终止运行。

```
$ docker container run hello-world

Hello from Docker!
This message shows that your installation appears to be working correctly.
```

---

1 Docker Hub 是一个由 Docker,Inc 公司负责维护的公共注册中心，其中存储了超过 15000 个可用来下载和构建容器的镜像。

```
To generate this message, Docker took the following steps:
 1. The Docker client contacted the Docker daemon.
 2. The Docker daemon pulled the "hello-world" image from the Docker Hub.
    (amd64)
 3. The Docker daemon created a new container from that image which runs the
    executable that produces the output you are currently reading.
 4. The Docker daemon streamed that output to the Docker client, which sent it
    to your terminal.

To try something more ambitious, you can run an Ubuntu container with:
 $ docker run -it ubuntu bash

Share images, automate workflows, and more with a free Docker ID:
 https://hub.docker.com/

For more examples and ideas, visit:
 https://docs.docker.com/get-started/
```

　　当然，如果读者不熟悉这里提到的镜像、容器等概念以及它们之间的关系，也不必担心，我们接下来会详细介绍它们。在这里，我们所要做的只是安装好 Docker 这个工具，并让自己对它有一个初步的认识。

6.3　Docker 基本使用

　　正如我们之前所说，Docker 本质上只是一个用于管理容器的运维工具。而其中用于创建容器的模板，我们就称之为容器的镜像，其作用与我们在使用 VMware 或 VirtualBox 之类的虚拟机管理器创建虚拟机时选择的模板基本相同（例如选择要创建的是 Linux 系统还是 Windows 系统的虚拟机）。如果读者熟悉面向对象思想的话，也可以将 Docker 中的容器理解为程序在运行过程中存在于内存中的对象，而容器的镜像则对应我们用于创建这些对象的类。

6.3.1　理解镜像

　　简而言之，镜像可以被看作保存了某一刻运行状态的容器快照。例如我们可以将一个运行了 Ubuntu 系统的容器创建成一个镜像，而将这个容器在安装了 Node.js 之后的状态创建为另一个镜像。这样一来，当我们需要一个运行了纯净 Ubuntu 环境的容器时，就可以使用第一个镜像来创建它，而当我们需要一个安装在 Ubuntu 上的 Node.js 运行环境时，就可以使用第二个镜像来创建容器。同样地，当我们在 Node.js 运行环境中创建了一个基于 Express.js 框架的项目时，还可以继续将其创建为一个新的镜像，以后在需要启动另一个基于 Express.js 框架的项目的时候，就可以用该镜像快速创建一个项目开发和运维环境。

　　基于上述使用镜像的方式，Docker 中镜像在存储上被设计成了分层叠加的结构，并且分层是可以在镜像之间共享的，例如在上述 3 个镜像之间可以共享 Ubuntu 所在的分层，而后两个镜像也可以共享 Ubuntu 和 Node.js 两个分层。这样一来，这 3 个镜像在同一主机上整体所占的空间会大幅减小，我们将它们推送到镜像仓库或者从镜像仓库中拉取它们时，很多时候是不必传输重复的分层的，这也是容器在运维工作上优于虚拟机的原因之一。

　　而容器相较于虚拟机的另一个优势则在于，即使容器镜像中包含 Ubuntu 这类操作系统，它通常也只封装了该操作系统的文件系统和一个精简的 shell 程序，并不包含与任何硬件驱动相关的内核部分。它是与宿主机共享操作系统内核的，因此与完整的虚拟机相比，显然它更为轻量化。例如，Docker 官方发布的 Ubuntu 镜像只有 80MB 左右，而一个安装了 Ubuntu 系统的虚拟机则通常有 8GB 左右。

6.3.2　镜像管理

　　接下来，让我们来具体介绍一下如何在 Docker 中进行镜像操作。在默认情况下，如果我们是在类 Linux 系统中安装的 Docker，其本地镜像的存储位置通常位于 var/lib/docker/<storage-driver>目录中，如果是在 Windows 系统中安装的 Docker，本地镜像就应存储在 C:\ProgramData\docker\windowsfilter 目录中。读者可以使用 docker image ls 命令来查看当前本地镜像列表，执行该命令通常会返回一个本地的镜像列表。

```
$ docker image ls
REPOSITORY      TAG        IMAGE ID       CREATED        SIZE
hello-world     latest     feb5d9fea6a5   6 months ago   13.3kB
```

　　当然，我们在刚刚安装完 Docker 时本地应该是没有任何镜像的，但由于之前为了测试安装是否正确，我们已经从 Docker Hub 中下载了一个名为 hello-world 测试镜像，所以读者会在上述镜像列表中看到它。在专业术语中，将镜像从远程镜像仓库服务中下载到本地的操作称为拉取(pull)。现在，如果读者想要拉取一个最新版本的 Ubuntu 镜像，就需要执行以下操作。

```
$ docker image pull ubuntu:latest
latest: Pulling from library/ubuntu
e0b25ef51634: Pulling fs layer
e0b25ef51634: Download complete
e0b25ef51634: Pull complete
Digest: sha256:9101220a875cee98b016668342c489ff0674f247f6ca20dfc91b91c0f28581ae
Status: Downloaded newer image for ubuntu:latest
```

```
docker.io/library/ubuntu:latest

$ docker image ls
REPOSITORY      TAG       IMAGE ID        CREATED        SIZE
ubuntu          latest    825d55fb6340    6 days ago     72.8MB
hello-world     latest    feb5d9fea6a5    6 months ago   13.3kB
```

在上述操作中，docker image pull <远程镜像仓库名>:<版本标签>命令负责将指定版本的镜像从远程镜像仓库服务的仓库中拉取到本地。在默认情况下，Docker所使用的是其官方的远程镜像仓库服务 Docker Hub。具体到上述操作中，docker image pull ubuntu:latest 命令的作用就是去 Docker Hub 将 Ubuntu 仓库中版本标签为 latest 的容器镜像拉取到本地。而通过 docker image ls 命令，我们可以看到，该镜像的大小只有 72.8MB。另外，关于拉取镜像的命令，我们还需要注意以下几点。

- 如果我们在执行拉取命令时没有在仓库名称后指定具体的版本标签，则该命令会默认拉取版本标签为 latest 的镜像。例如，我们之前在拉取 Ubuntu 镜像时，拉取命令也可以简写为 docker image pull ubuntu，效果是完全一样的。
- 版本标签为 latest 的镜像是 Docker 默认要拉取的镜像，但并不保证该镜像是仓库中最新版本的镜像。例如，Alpine 镜像在远程仓库中最新的版本标签通常是 edge。所以，希望读者在使用 latest 标签时谨慎行事。

当然，如果我们不知道远程仓库服务中有哪些远程仓库可供使用，可以使用 docker search <关键字>命令进行查询。例如在下面的操作中，我们对 Docker Hub 中存有的所有与 Ubuntu 相关的远程仓库进行了查询。

```
$ docker search ubuntu
NAME                           DESCRIPTION
STARS      OFFICIAL    AUTOMATED
ubuntu                         Ubuntu is a Debian-based Linux operating sys…
14048      [OK]
websphere-liberty              WebSphere Liberty multi-architecture images …
283        [OK]
ubuntu-upstart                 DEPRECATED, as is Upstart (find other proces…
112        [OK]
neurodebian                    NeuroDebian provides neuroscience research s…
88         [OK]
open-liberty                   Open Liberty multi-architecture images based…
52         [OK]
ubuntu-deboostrap              DEPRECATED; use "ubuntu" instead
46         [OK]
ubuntu/nginx                   Nginx, a high-performance reverse proxy & we…
40
ubuntu/mysql                   MySQL open source fast, stable, multi-thread…
```

```
29
ubuntu/apache2                      Apache, a secure & extensible open-source HT…
26
ubuntu/prometheus                   Prometheus is a systems and service monitori…
23
kasmweb/ubuntu-bionic-desktop       Ubuntu productivity desktop for Kasm Workspa…
22
ubuntu/squid                        Squid is a caching proxy for the Web. Long-t…
18
ubuntu/postgres                     PostgreSQL is an open source object-relation…
15
ubuntu/bind9                        BIND 9 is a very flexible, full-featured DNS…
13
ubuntu/redis                        Redis, an open source key-value store. Long-…
9
ubuntu/prometheus-alertmanager      Alertmanager handles client alerts from Prom…
5
ubuntu/grafana                      Grafana, a feature rich metrics dashboard & …
5
ubuntu/memcached                    Memcached, in-memory keyvalue store for smal…
4
ubuntu/telegraf                     Telegraf collects, processes, aggregates & w…
3
circleci/ubuntu-server              This image is for internal use
3
ubuntu/cortex                       Cortex provides storage for Prometheus. Long…
2
ubuntu/cassandra                    Cassandra, an open source NoSQL distributed …
1
bitnami/ubuntu-base-buildpack       Ubuntu base compilation image
0                   [OK]
snyk/ubuntu                         A base ubuntu image for all broker clients t…
0
rancher/ubuntuconsole
0
```

　　值得注意的是，在默认情况下，docker search 命令通常只返回 25 条结果。但是，读者可以通过设置--limit 参数的值来指定该命令返回的条目数，最多可返回 100 条。

　　在将镜像拉取到本地之后，我们可以使用 docker image inspect 命令来查看镜像中的各种细节，包括镜像层数据和元数据。例如在下面的操作中，我们使用该命令查看了 hello-world 测试镜像中的细节。

```
$ docker image inspect hello-world:latest
[
    {
```

```
    "Id":
"sha256:feb5d9fea6a5e9606aa995e879d862b825965ba48de054caab5ef356dc6b3412",
        "RepoTags": [
            "hello-world:latest"
        ],
        "RepoDigests": [
            "hello-world@sha256:97a379f4f88575512824f3b352bc03cd75e239179eea0fecc38e
597b2209f49a"
        ],
        "Parent": "",
        "Comment": "",        "Created": "2021-09-23T23:47:57.442225064Z",
        "Container":
"8746661ca3c2f215da94e6d3f7dfdcafaff5ec0b21c9aff6af3dc379a82fbc72",
        "ContainerConfig": {
            "Hostname": "8746661ca3c2",
            "Domainname": "",
            "User": "",
            "AttachStdin": false,
            "AttachStdout": false,
            "AttachStderr": false,
            "Tty": false,
            "OpenStdin": false,
            "StdinOnce": false,
            "Env": [
"PATH=/usr/local/sbin:/usr/local/bin:/usr/sbin:/usr/bin:/sbin:/bin"
            ],
            "Cmd": [
                "/bin/sh",
                "-c",
                "#(nop) ",
                "CMD [\"/hello\"]"
            ],
            "Image":
"sha256:b9935d4e8431fb1a7f0989304ec86b3329a99a25f5efdc7f09f3f8c41434ca6d",
            "Volumes": null,
            "WorkingDir": "",
            "Entrypoint": null,
            "OnBuild": null,
            "Labels": {}
        },
        "DockerVersion": "20.10.7",
        "Author": "",
        "Config": {
            "Hostname": "",
            "Domainname": "",
            "User": "",
            "AttachStdin": false,
```

```
            "AttachStdout": false,
            "AttachStderr": false,
            "Tty": false,
            "OpenStdin": false,
            "StdinOnce": false,
            "Env": [
                "PATH=/usr/local/sbin:/usr/local/bin:/usr/sbin:/usr/bin:/sbin:/bin"
            ],
            "Cmd": [
                "/hello"
            ],
            "Image":
"sha256:b9935d4e8431fb1a7f0989304ec86b3329a99a25f5efdc7f09f3f8c41434ca6d",
            "Volumes": null,
            "WorkingDir": "",
            "Entrypoint": null,
            "OnBuild": null,
            "Labels": null
        },
        "Architecture": "amd64",
        "Os": "linux",
        "Size": 13256,
        "VirtualSize": 13256,
        "GraphDriver": {
            "Data": {
                "MergedDir": "/var/lib/docker/overlay2/3a0e1e1bea4d0ac0bb55bb22f831c
d7b6be43b33d5bb07203e8dc6ab0e5afc40/merged",
                "UpperDir": "/var/lib/docker/overlay2/3a0e1e1bea4d0ac0bb55bb22f831cd
7b6be43b33d5bb07203e8dc6ab0e5afc40/diff",
                "WorkDir": "/var/lib/docker/overlay2/3a0e1e1bea4d0ac0bb55bb22f831cd7
b6be43b33d5bb07203e8dc6ab0e5afc40/work"
            },
            "Name": "overlay2"
        },
        "RootFS": {
            "Type": "layers",
            "Layers": [
                "sha256:e07ee1baac5fae6a26f30cabfe54a36d3402f96afda318fe0a96cec4ca393359"
            ]
        },
        "Metadata": {
            "LastTagTime": "0001-01-01T00:00:00Z"
        }
    }
]
```

从上述信息中，我们可以看出 hello-world 测试镜像要运行的容器是一个基于 Linux 系统的、运行于 shell 终端环境中的"Hello World"程序。

最后，当我们不再需要某个镜像的时候，可以通过 docker image rm 命令将该镜像从本地删除，该操作会在当前主机上删除指定的镜像以及相关的镜像层。这意味着我们之后将无法通过 docker image ls 命令看到被删除的镜像，并且对应镜像分层数据所在的目录也会随之被删除。当然，如果某个镜像分层被多个镜像共享，那只有当全部依赖该分层的镜像都被删除后，它才会被删除。在下面的示例中，我们将通过镜像 ID 来删除镜像。

```
$ docker image ls
REPOSITORY      TAG        IMAGE ID        CREATED         SIZE
ubuntu          latest     825d55fb6340    6 days ago      72.8MB
hello-world     latest     feb5d9fea6a5    6 months ago    13.3kB

$ docker image rm feb5d
Untagged: hello-world:latest
Untagged: hello-world@sha256:97a379f4f88575512824f3b352bc03cd75e239179eea0fecc38e597
b2209f49a
Deleted: sha256:feb5d9fea6a5e9606aa995e879d862b825965ba48de054caab5ef356dc6b3412
Deleted: sha256:e07ee1baac5fae6a26f30cabfe54a36d3402f96afda318fe0a96cec4ca393359

$ docker image ls
REPOSITORY      TAG        IMAGE ID        CREATED         SIZE
ubuntu          latest     825d55fb6340    6 days ago      72.8MB
```

需要注意的是，如果被删除的镜像已经在本地实例化出了若干个容器，那么在这些容器被删除之前，该镜像是无法被删除的。接下来，就让我们来具体介绍一下如何使用镜像实例化出具体可运行的容器，并对这些容器进行管理。

6.3.3　容器管理

正如我们之前所说，容器是镜像在运行时的实例化。正如基于同一个虚拟机模板可以启动多台虚拟机，我们也同样可以基于同一个镜像启动一个或多个容器。在 Docker 中，启动容器的简便方式是使用 docker container run [参数] <镜像名> [指定应用]命令。在这里，我们在使用该命令时经常需要使用以下参数。

- -i：该参数用于告知该命令以"交互模式"运行容器。
- -t：该参数用于告知该命令在容器启动后会进入其终端程序。
- --name：该参数用于为创建的容器设置名称。
- -v：该参数用于设置容器与其宿主机之间的目录映射关系，它后面通常会紧跟着两个目录参数，第一个代表宿主机上的目录，第二个则代表映射到容器中的目录。另外，我们可以在同一命令中使用多个-v参数设置多个目录映射关系。

- -d：该参数用于告知该命令创建一个守护式容器在后台运行，这样创建容器后就不会自动登录容器，如果只添加-i、-t两个参数，创建后就会自动进入容器。
- -p：该参数用于设置容器与其宿主机之间的端口映射，它后面通常会紧跟着两个端口号参数，第一个设置的是宿主机的端口，第二个设置的是容器内的映射端口。另外，我们可以在同一命令中使用多个-p参数设置多个端口映射。
- -e：该参数用于为容器设置环境变量。
- --network=host：该参数用于告知该命令将主机的网络环境映射到容器中，使容器的网络与主机相同。

例如，我们可以通过 docker container run -it --name=myhost ubuntu /bin/bash 命令来使用之前拉取到本地的 Ubuntu 镜像实例化并以交互模式启动一个名为 myhost 的容器，该容器在启动之后会自动进入其 bash shell 终端中，在完成相关操作后，可以执行 exit 命令退出，该容器的运行也会随之停止。

再例如，我们也可以通过 docker container run -dit --name=myhost2 ubuntu 命令创建一个守护式容器。这类容器在创建时不会立即进入容器中，并且在容器内执行 exit 命令时，容器本身也不会终止运行。如果需要长期运行的容器，我们可以创建守护式容器。

对于已在运行的容器，我们可以通过 docker container exec -it <容器名或容器 ID> [指定应用]命令进入该容器中进行相关操作，例如，如果我们想进入之前创建的守护式容器，就可以通过执行 docker container exec -it myhost2 /bin/bash 命令实现。如果读者不知道当前宿主机中运行了哪些容器，也可以通过执行 docker container ls 命令来进行查看。甚至，如果我们想让返回的容器列表中包含已经终止运行的容器，还可以在该命令后面加上--all 或-a 参数，像这样：

```
$ docker container ls --all
CONTAINER ID    IMAGE      COMMAND       CREATED          STATUS
PORTS       NAMES
1b51ccc03b21    ubuntu     "/bin/bash"   43 minutes ago   Exited (130) 40 minutes ago
                myhost
```

对于上述列表中列出的容器，我们既可以执行 docker container stop <容器名或容器 ID>命令停止一个已经在运行的容器，也可以执行 docker container start <容器名或容器 ID>命令启动一个已经停止运行的容器，甚至还可以执行 docker container kill <容器名或容器 ID>命令强行终止一个已经在运行的容器。最后，如果确定某个容器不再被使用了，我们可以通过 docker container rm <容器名或容器 ID>命令来删除它。

除此之外，如果我们想将容器的某个运行状态保存下来，以便日后使用，可以通过执行 docker container commit <容器名或容器 ID> <镜像名>命令将容器重新保存为新的镜像。如果希望将这些镜像传递给别人使用，我们可以通过 docker image save -o <文件名> <镜像名>命令将现有的某个镜像打包成文件，然后别人在收到该文件之后，就可以通过执行 docker image load -i <文件名>命令将该镜像加载到本地。

6.3.4 其他操作

在通常情况下，容器中产生的数据文件会随着其生命周期的结束而丢失，并不会得到永久保存，因此运维人员通常需要为它们设置实现数据持久化的方案。而对于 Docker 中的数据持久化，除了我们之前演示过的即在执行 docker container run 命令启动容器时使用-v 参数直接为其设置目录映射之外，很多时候还会用到一种被称为“数据卷”的专用数据持久化方案，以及在容器之间实现数据共享的机制。下面，让我们来介绍一些操作数据卷的常用 Docker 命令。

- docker volume create <数据卷名称>命令：该命令用于创建具有指定名称的 Docker 数据卷，在 Ubuntu 系统中，新建的数据卷在服务器上的默认挂载目录位于 var/lib/docker/volumes/目录中。

- docker volume inspect <数据卷名称>命令：该命令用于查看指定 Docker 数据卷的详细信息，包括数据卷使用的驱动类型、挂载目录等。

- docker volume rm <数据卷名称>命令：该命令用于删除具有指定名称的 Docker 数据卷。

- docker volume prune 命令：该命令用于清除当前 Docker 引擎所在的服务器上所有无主从关系的数据卷。

- docker volume ls 命令：该命令用于列出当前 Docker 引擎所在的服务器上已经创建的数据卷。

需要说明的是，Docker 数据卷只有在我们同时运行多个容器的情况下才能发挥其真正的优势。因为其独立于容器之外的生命周期有助于我们实现程序数据与可执行代码的分离，这是一种更为稳健、安全的应用程序部署方案。当然，如果要同时运行多个容器，我们通常需要在这些容器之间创建专属的虚拟网络，以确保它们之间的通信安全。为此，我们要熟悉一些常用于操作网络的 Docker 命令。

- docker network create <网络配置参数> <网络名称>命令：该命令用于创建具有指定名称的 Docker 网络。在 Docker 中，我们可以创建的网络主要有 bridge、host、none 和 overlay 这 4 种类型，关于它们的具体作用，我们会在介绍使用多容器形式部署应用程序时再做具体说明，现在读者只需知道它们的存在即可。

- docker network inspect <网络名称>命令：该命令用于查看指定 Docker 网络的详细信息，包括网络使用的驱动类型、网络内容器的 IP 地址等。
- docker network rm <网络名称>命令：该命令用于删除具有指定名称的 Docker 网络。
- docker network prune 命令：该命令用于清除当前 Docker 引擎所在的服务器上所有无主从关系的网络。
- docker network ls 命令：该命令用于列出当前 Docker 引擎所在的服务器上已经创建的网络。
- docker network connect <网络名称> <容器名或容器 ID>命令：该命令用于将指定的容器连入到指定名称的 Docker 网络中。
- docker network disconnect <网络名称> <容器名或容器 ID>命令：该命令用于将指定的容器从指定名称的 Docker 网络中移除。

关于多容器同时运行的具体情况和要执行的相应操作，我们将会在第 7 章中详细介绍。现在，基于循序渐进的学习原则，我们带领读者先来了解一下使用单一容器的应用程序部署方案。

6.4　项目实践

在掌握了 Docker 镜像与容器的基本操作之后，我们就可以具体地介绍如何使用 Docker 容器来部署应用程序了。和之前一样，我们仍然还是从重新部署 01_Hello Express 这个最简单的基于 Express.js 框架的项目开始，以便让读者先从整体上初步熟悉容器化部署的工作流程，并理解它与传统部署方式的不同，以便到第 7 章中能顺利地进入更贴近实际生产环境的、使用多容器的应用程序部署工作。

6.4.1　基本工作流程

下面，就让我们以 SSH 的方式远程登录到之前配置了 Docker 环境的服务器上，并执行以下步骤来部署 01_Hello Express 项目。

1. 先通过执行 docker image pull node:17.5.0 命令从 Docker Hub 中拉取一个与我们开发环境相匹配的 Node.js 镜像。如果一切顺利，待拉取操作完成之后，我们就可以在执行 docker image ls 命令返回的本地镜像列表中看到这个版本标签为 17.5.0 的 Node.js 镜像。

```
$ docker image ls
REPOSITORY    TAG      IMAGE ID     CREATED      SIZE
```

```
node          17.5.0    f8c8d04432c3    4 months ago    994MB
ubuntu        latest    825d55fb6340    6 days ago      72.8MB
hello-world   latest    feb5d9fea6a5    6 months ago    13.3kB
```

2. 接下来，我们要基于 Node.js 镜像创建一个用于部署"Hello Express"应用
   程序的镜像。具体操作是，先进入到第 5 章中使用 Git 获取应用程序源代码时
   创建的 Hello Express 目录中，并创建一个名为 Dockerfile 的镜像定义
   文件，然后在其中写入如下内容。

```
# 声明当前镜像的基础镜像
FROM node:17.5.0
# 在当前镜像所实例化的容器中创建一个目录
RUN mkdir -p /home/Service
# 将新建的目录设定为容器的工作目录
WORKDIR /home/Service
# 设置将当前目录复制到容器的工作目录
COPY ./ /home/Service
# 安装项目依赖于 PM2 进程管理器
RUN npm install pm2 --global  \
        && npm install
# 设置应用程序使用的端口
EXPOSE 3000
# 设置用于启动应用程序的命令
CMD pm2 start index.js --no-daemon
```

3. 在保存上述文件之后，继续在该文件所在的目录下执行 docker image build
   -t helloapp:1.0.0 命令来为运行"Hello Express"应用程序的容器创
   建一个 Docker 镜像。如果一切顺利，待创建操作完成之后，我们就可以在执行
   docker image ls 命令返回的本地镜像列表中看到这个名为 helloapp 的镜
   像了。

```
$ docker image ls
REPOSITORY    TAG       IMAGE ID        CREATED         SIZE
helloapp      1.0.0     5822ce08a2c9    9 seconds ago   1.03GB
node          17.5.0    f8c8d04432c3    4 months ago    994MB
ubuntu        latest    825d55fb6340    6 days ago      72.8MB
hello-world   latest    feb5d9fea6a5    6 months ago    13.3kB
```

4. 最后，我们只需要执行 docker container run -d -p 3000:3000
   helloapp:1.0.0 命令来实例化这个新建的镜像，并将其运行用于部署应用程
   序的容器。在该命令中，**-d 参数**用于将容器设置为后台运行；**-p 参数**用于设
   置服务器与容器之间的端口映射，在这里，我们将服务器的端口也设置成了端
   口号为 3000，这样就无须再修改第 5 章中配置的反向代理了。

5. 如果上述操作过程一切顺利，我们现在就可以在局域网中使用服务器以外的计算机利用 `http://helloexpress.io` 这个域名访问 "Hello Express" 应用程序了，效果与我们之前在图 5-5 中看到的完全一致。

在完成了上述步骤之后，我们完成了应用程序的容器化部署，构建了应用程序的容器镜像。这样一来，如果我们在今后的某一时刻想再升级服务器设备，并重新部署 "Hello Express" 应用程序，或者将其另行部署到另一个网络中的某台服务器上，就可以选择通过 `docker image save -o hello_image.tar helloapp:1.0.0` 命令将这个新建的 `helloapp` 镜像打包成一个名为 `hello_image` 的文件，然后在目标设备上获取到该文件，并通过执行 `docker image load -i hello_image.tar` 命令将该镜像加载到本地，最后将它实例化容器并运行。当然，如果读者注册了 Docker Hub 这样的远程镜像仓库服务，也可以直接执行 `docker image push helloapp:1.0.0` 命令将镜像文件上传到远程仓库中，然后就可以在其他设备上通过 `docker image pull helloapp:1.0.0` 命令来获取该镜像了。

6.4.2　容器化指令简介

在上述工作流程中，运维人员的核心任务就是实现应用程序的容器化，而完成这一任务的关键就是要熟练掌握 Dockerfile 文件的编写方法。从概念上来说，Dockerfile 是一个由一系列镜像构建指令组成的批处理文件，它的本质就是让我们将部署某一应用程序的步骤以镜像文件的方式固定下来，从而实现应用程序的容器化部署。这种构建容器镜像的方式与我们之前介绍的"先进到某个现有的容器中执行一些手动操作，然后执行 `docker container commit <容器名或容器 ID> <镜像名>` 命令来将该容器保存为镜像文件"的方式相比，显得更为自动化一些。所以，读者在这里有必要重点学习一下如何编写 Dockerfile 文件，而学习编写 Dockerfile 文件的关键就是掌握这些镜像构建指令。下面，就让我们来具体介绍一下这些指令。

首先，作为构建 Docker 镜像的第一步，我们需要先使用 FROM <镜像名> 指令来声明一个用于构建当前镜像的基础镜像。在计算机领域中，很少有工作是真正从零开始的，大多数情况都是基于现有工作成果的进一步扩展，例如，Ubuntu、Android 都是基于 Linux 内核开发的发行版，而 Linux 内核则是 UNIX 系统接口的重新实现。另外在使用 Java 这一类面向对象的编程语言实现某一功能时，我们的第一步通常也是在现有的类库中选择一个父类来进行扩展，以避免重复发明轮子。FROM <镜像名> 指令的使用思维也是如此，如果我们将 Docker 中的镜像与容器类比成面向对象理论中类与对象的关系，那么当前镜像与其基础镜像之间就可以被理解成子类与父类的关系。

在选择基础镜像的时候，运维人务必要了解接下来部署在容器中的应用程序。在通常情况下，应用程序所依赖的环境越单纯，基础镜像中已完成的工作就可以越多。例如，如果我们要部署的是"Hello Express"这样的应用程序，那么它只需要一个单纯的 Node.js 运行环境，该环境安装在哪一种 Linux 发行版上并不重要，这时候我们只需要指定一个用于运行 Node.js 运行环境的容器镜像即可。但如果是要部署"线上简历"这种更为复杂的应用程序，那么除了 Node.js 运行环境，我们还需要使用 APT 这样的软件包管理器来安装数据库，这时候选择从一个干净的 Ubuntu 系统环境开始构建镜像可能是一个更好的选择。

在完成基础镜像的选择之后，我们要使用 RUN <shell 命令>指令来配置应用程序的运行环境。该指令的作用是设置一系列在镜像被实例化成容器时需要执行的 shell 命令，这些命令通常用于安装一些应用程序的依赖项和相关工具。需要注意的点是，由于 Docker 镜像文件被定义成了一种分层结构，而 Dockerfile 文件中的每一条 RUN <shell 命令>指令都会在镜像文件中增加一个新的分层，如果不加节制地使用该指令，可能会造成镜像文件毫无意义地过度膨胀。例如在下面的 Dockerfile 文件中：

```
FROM ubuntu
RUN apt install wget  -y
RUN wget -O redis.tar.gz "http://download.redis.io/releases/redis-5.0.3.tar.gz"
RUN tar -xvf redis.tar.gz
```

以上 3 条 RUN <shell 命令>指令会在镜像文件中构建 3 个分层，但这是毫无必要的，因此我们通常会将其简化成一条 RUN <shell 命令>指令。

```
FROM ubuntu
RUN apt install wget -y \
    && wget -O redis.tar.gz "http://download.redis.io/releases/redis-5.0.3.tar.gz" \
    && tar -xvf redis.tar.gz
```

在某些情况下，我们还需要使用 WORKDIR <目录名>指令为应用程序在容器中指定一个工作目录（该目录必须是提前创建好的），然后使用 COPY <源文件路径> <容器内路径>指令将应用程序的源代码文件复制到该工作目录中，例如像我们之前所做的：

```
# 此处省略若干指令
RUN mkdir -p /home/Service
WORKDIR /home/Service
COPY ./ /home/Service
RUN npm install pm2 --global \
    && npm install
```

请注意，在指定好工作目录之后，后续的 RUN 指令的 shell 命令就会在该目录下执行。除上述指令外，我们还经常会用到以下指令。

- **ADD <源文件路径> <容器内路径>指令**：该指令的使用方式与功能和 COPY <源文件路径> <容器内路径>指令的基本相同。不同之处只在于：如果被复制的源文件是一个 TAR 压缩文件，该指令会在复制文件时自动将其解压。

- **CMD <shell 命令>指令**：该指令虽然和 RUN <shell 命令>指令同样用于执行 shell 命令，但它们执行命令的时机不一样，RUN <shell 命令>指令执行在构建容器镜像时，而 CMD <shell 命令>指令执行在容器启动时。后者通常用于为启动的容器指定默认要运行的程序，程序运行结束，容器本身的运行也就随之结束。需要注意的是，如果 Dockerfile 文件中存在多个 CMD <shell 命令>指令，那么只有最后一条会被真正执行。

- **ENV <环境变量名> <要设置的变量值>指令**：该指令用于在容器内设置环境变量，例如，如果我们想将环境变量 NODE_VERSION 的值设置为 17.5.0，那么就可以在 Dockerfile 文件中设置一条 ENV NODE_VERSION 17.5.0 指令。另外，我们也可以用该指令一次性设置多个环境变量，使用格式为：ENV <变量 1>=<值 1> <变量 2>=<值 2>...。

- **VOLUME <路径>指令**：该指令用于定义匿名数据卷。在启动容器时忘记挂载数据卷，会自动将其挂载为匿名卷。定义数据卷有助于避免重要的数据因容器重启而丢失，并可以在一定程度上避免容器的不断膨胀。同样地，我们也可以用该指令一次性设置多个数据卷，使用格式为：VOLUME ["<路径 1>", "<路径 2>"...]。

- **EXPOSE <端口号>指令**：如果在容器内运行的应用程序需要该容器向外开放指定的端口号，我们就可以使用该指令来声明要开放的端口号。同样地，我们也可以用该指令一次性声明多个端口号，使用格式为：EXPOSE <端口号 1> <端口号 2>...。

- **USER <用户名>[:<用户组>]指令**：该指令主要用于指定执行后续 shell 命令的用户和用户组（前提是，该用户和用户组必须已经存在）。

在编写完 Dockerfile 文件并将其保存之后，我们只需要在该文件所在目录上执行 docker image build -t <镜像名> <Dockerfile 文件的路径>指令来构建镜像文件即可。在这里，-t 参数用于指定<镜像名>，该名称中可以包含镜像的版本标签，如果没有特别指定标签，其创建的默认版本标签就是 latest；而<Dockerfile 文件的路径>在这里就应该是我们执行该命令时所在的当前目录。

同样需要特别说明的是，基于篇幅方面的考虑，我们在这里介绍的只是在使用 Docker 这一工具容器化基于 Express.js 框架的应用程序时可能会用到的常用指令。如果读者希望更全面地了解在使用 Dockerfile 文件构建 Docker 镜像文件时所有可用的指令，可以自行在 Google 等搜索引擎中搜索"dockerfile reference"关键词，然后查看 Docker 官方提供的相应文档。

第7章 自动化部署与维护（上）

正如我们在第 5 章中所说，在完成了应用程序在服务器上的部署并将其发布给用户之后，运维工作的最后一项任务就是监控该应用程序在服务器上的运行状态，并对其进行日常维护。这项任务的工作时间将覆盖应用程序所在项目的整个生命周期，内容也涉及应用程序在服务端运行的方方面面。在接下来的两章中，就让我们来介绍一下这项任务需要完成的具体工作。总而言之，在阅读完本章内容之后，我们希望读者能够：

- 了解采用微服务架构部署应用程序的必要性及其容器化实现方式；
- 掌握 Docker Compose 的安装方法以及该工具的基本使用流程；
- 掌握如何在单服务器环境中实现应用程序的自动化部署与维护。

7.1 使用微服务架构

在第 6 章的项目实践中，我们带领读者以单一容器的形式在服务器上部署了一个基于 Express.js 框架实现的应用程序。然而，在生产环境中，运维人员要部署的应用程序通常远比这个"Hello World"应用程序复杂得多，如果继续采用单一容器的部署方案，可能就会遇到一系列问题。例如，对于我们之前开发的"线上简历"应用程序来说，其服务端的核心业务与数据库业务之间通常是彼此独立的。如果将两者部署在单一容器中，那么无论我们将来是对数据库业务进行升级，还是调整核心业务的负载能力，要修改的都是同一个容器，这是非常不利于运维工作的。

况且，对于许多企业级的应用程序来说，其服务端实现中可独立运作的业务模块通常远不止两个，如果这些模块被部署到了某个单一的大型容器中，那么当我们在运维工作中发现其中某个业务模块负载过高时，就更不能单独对该模块进行扩展了，因为我们所有的操作都必须要在同一个容器中进行。与此同时，这些业务模块之间过高的耦合度也会给应用程序的后续开发与测试工作带来一些无法预料的困难。况且，根据之前介绍的 DevOps 工作理念，应用程序的规模通常还会随着后续的开发进度而变得越来越大。如果我们继续采用这种方案来部署应用程序，显然会让主张持续开发、持续交付的工作理念越来越难以落实。为了解决此类问题，业界提出了一种被称为**微服务（microservice）**的架构。下面，就让我们来具体介绍一下该方案，以及如何用多容器的形式实现它。

7.1.1　微服务架构简介

微服务架构是马丁·福勒（Martin Fowler）与詹姆斯·刘易斯（James Lewis）于 2014 年共同提出的一套应用程序的开发与部署方案。该方案主张将一个应用程序中可独立运作的业务模块定义成一系列可单独部署的微服务，这些微服务有各自独立的开发和部署流程，并且彼此之间仅使用基于某种网络协议的 API 进行通信。一旦软件项目团队选择采用该架构来开发应用程序，其开发人员就可以使用不同的编程语言或数据库来独立完成微服务的设计和实现，而运维人员则可以利用 Docker 容器等自动化部署工具对服务进行集中管理，这显然是非常有利于落实 DevOps 工作理念的。毕竟从整体上来说，微服务架构相对于使用单一容器部署的单体服务具有以下一系列优势。

- **开发自由：** 由于微服务架构主张将应用程序设计成若干可独立开发和部署的服务模块，这意味着开发人员可根据自身专长、服务模块的性能需求来选择合适的编程语言、开发框架以及数据库。例如，对于性能要求较高的服务模块，我们可以选择使用以执行性能见长的 C 或 Rust 语言来实现；而对于性能要求不高的服务模块，我们则可以选择使用编码效率更高的 JavaScript 或 Python 这样的语言来实现。当然，前提是我们得确保这些模块之间可通过基于某种网络协议的 API 进行通信。

- **可扩展性：** 由于微服务之间仅通过 API 来维持联系，所以它们之间的耦合度很低，应用程序中某个服务模块发生故障通常不会影响另一个服务模块的正常运行。这使得应用程序中的每个服务模块都像机械化生产线上的零件一样，随时可被功能更丰富、性能更强大的服务模块直接替换，这赋予了应用程序非常好的可扩展性。例如，如果在项目初期，应用程序对数据存储结构的要求尚不严格，我们可以先选择 API 调用较为简单的 MongoDB 数据库，一旦在后续开发中发现需要对数据存储结构进行更严格的约束，随时可以将其直接替换成 MySQL 这样的关系数据库。

- **部署方便：** 如果应用程序被部署成了超大的单体服务，那么即使是一个小小的修改也可能会导致整个应用程序都需要重新编译和打包。在这种情况下，部署工作显然是非常烦琐的，而且不确定性非常高，极易出错。而在微服务架构中，由于应用程序中的各个服务都是独立部署的，如果其中某个服务的部署出了差错，我们通常可以通过版本回滚等操作快速解决问题。

- **易于优化**：在微服务架构中，应用程序中每个服务的代码量都不会很大，这意味着当我们需要在后续开发中对这些服务的实现方案进行优化时，要做的工作就会容易很多，毕竟代码量越少意味着代码改动带来的影响越可控。

当然，微服务架构并不是"万能钥匙"，如果我们不慎掉入"手里拿着锤子，看什么都像钉子"的思维陷阱，上述优势也很有可能会变成劣势。换而言之，如果我们在开发工作中不考虑实际情况，鲁莽地将应用程序拆分成数量过多的微服务，那么这些服务的管理问题就会在后续的运维工作中凸显出来。为了让读者更好地理解这些情况，我们接下来会以部署"线上简历"应用程序的过程为例，先行演示一下如何用手动编排容器的方式来实现微服务架构。

7.1.2 容器化实现方式

为了便于在书中展示接下来要执行的部署操作，我们在这里就粗略地将"线上简历"应用程序划分为核心业务与数据库两个服务模块来进行部署。其中核心业务模块就是一个基于 Express.js 框架实现的 Web 服务，而数据库模块则是一个版本与我们开发环境相匹配的 MongoDB 数据库服务。下面，就让我们来演示一下如何使用 Docker 容器实现针对该应用程序的微服务架构方案，其基本实现思路是：先确保一个容器中只部署一个微服务，然后在这些容器之间建立一个内部网络，以便它们能进行 API 通信，具体操作步骤如下。

1. 在 bash 之类的终端环境中远程登录到之前配置好的服务器上，并执行 sudo service mongod stop 命令关闭我们在第 1 章中以传统方式部署的 MongoDB 数据库服务。当然，如果读者另行配置了一个干净的、基于 Ubuntu 系统的服务器环境，也可以直接跳过这一步骤。

2. 由于部署同一个应用程序的不同容器之间理应通过一个专属的内部网络来进行 API 通信，而在默认情况下，Docker 的容器之间连接的是一个默认的公用桥接网络（即下面执行 docker network ls 命令返回的名称为 bridge 的网络），所以，我们现在的首要任务就是为将要创建的容器建立一个虚拟的专属桥接网络。这一任务可以通过执行 docker network create <网络名称> 命令来完成，如下所示。

```
$ docker network create resumes_net
9e0290004426a4efdc39d48d7923e6d8c31a3d19ba02d12866f7c70616d01588
```

```
$ docker network ls
NETWORK ID      NAME          DRIVER      SCOPE
947096b24ce5    bridge        bridge      local
c6287bd24a6a    host          host        local
f29358657bbb    none          null        local
9e0290004426    resumes_net   bridge      local
```

3. 接下来的任务是准备好在应用程序的部署工作中需要用到的容器镜像。由于我们在之前的演示中已经拉取了 Node.js 镜像，所以在这里只需要执行 docker image pull mongo:3.6.8 命令，从 Docker Hub 中拉取一个与应用程序的开发环境相匹配的 MongoDB 镜像即可。如果一切顺利，待拉取操作完成之后，我们就可以在执行 docker image ls 命令返回的本地镜像列表中看到版本标签为 3.6.8 的 MongoDB 镜像了。

```
$ docker image ls
REPOSITORY     TAG        IMAGE ID        CREATED         SIZE
mongo          3.6.8      336f61db5f26    3 years ago     351MB
node           17.5.0     f8c8d04432c3    4 months ago    994MB
ubuntu         latest     825d55fb6340    6 days ago      72.8MB
hello-world    latest     feb5d9fea6a5    6 months ago    13.3kB
```

4. 现在，我们要做的就是在服务器上创建一个用于存放数据文件的目录（假设该目录的绝对路径为<resumes_data>），然后通过执行 docker container run <参数> <镜像名> <指定应用>命令来以容器的方式重新启动数据库服务，其具体命令参数如下。[1]

```
$ docker container run -d \              # 设置为后台运行
    -p 27017:27017 \                     # 设置服务端口的映射
    -v <resumes_data>:/data/db \         # 设置数据文件目录的映射
    --name online_resumes_db \           # 设置该数据库所在容器的名称
    --network resumes_net \              # 设置容器所属的专属网络
    --network-alias resumes_db \         # 设置容器在专属网络中的名称
    mongo:3.6.8                          # 指定要实例化的镜像名称
```

5. 接下来，我们要继续基于 Node.js 镜像来将“线上简历”应用程序的核心业务模块容器化。其操作过程与之前在第 6 章中部署“Hello Express”应用程序的步骤基本相同，即先使用 Git 或 FTP 等工具将应用程序的源代码复制到服务器上一个名为 online_resumes 的新建目录中。然后，使用 Vim 等编辑器打开该目录下的 routes/useMongdb/index.js 文件，并将其中 serverUrl 变量所设定的 MongoDB 数据库连接地址改为 mongodb://resumes_db:27017。

6. 在保存上述文件之后，我们同样需要继续在 online_resumes 目录下创建一

---

1 请注意：以下命令中的注释信息仅为书中说明之用，在实际使用时请务必记得要先去掉它们。

个名为 Dockerfile 的镜像定义文件，并在其中写入如下内容。

```
FROM node:17.5.0
RUN mkdir -p /home/Service
WORKDIR /home/Service
COPY ./ /home/Service
RUN npm install pm2 --global  \
        && npm install
EXPOSE 3000
CMD pm2 start ./bin/www --no-daemon
```

7. 在保存上述文件之后，我们就可以通过在 online_resumes 目录下执行 docker image build -t online_resumes 命令来创建一个新的 Docker 镜像，该镜像的容器将用于部署"线上简历"应用程序的核心业务模块。如果一切顺利，待创建操作完成之后，我们就可以在执行 docker image ls 命令返回的本地镜像列表中看到名为 online_resumes 的镜像了。

```
$ docker image ls
REPOSITORY        TAG        IMAGE ID        CREATED         SIZE
online_resumes    latest     59548f7ac9f5    9 seconds ago   1.09GB
helloapp          1.0.0      5822ce08a2c9    9 seconds ago   1.03GB
node              17.5.0     f8c8d04432c3    4 months ago    994MB
ubuntu            latest     825d55fb6340    6 days ago      72.8MB
hello-world       latest     feb5d9fea6a5    6 months ago    13.3kB
```

8. 最后，我们就只需要执行 docker container run -d -p 3001:3000 --network resumes_net --network-alias resumes_web online_resumes 命令来将这个新建的镜像实例化为容器，这样就可以完成部署"线上简历"应用程序的核心业务模块了。待创建操作完成之后，只需要执行 docker container ls 命令，我们就可以在其返回的容器列表中看到组成"线上简历"应用程序的两个微服务都已经以容器的形式在运行了。

需要注意的是，我们在部署用于运行核心业务模块的容器时，依然将服务器的端口设置成了 3001，这样就无须再修改之前在第 5 章中配置的反向代理了。如果上述操作过程一切顺利，我们现在就可以在局域网中使用服务器以外的计算机利用 http://onlineresumes.io 这个域名访问"线上简历"应用程序了，效果与我们之前在图 5-6 中看到的完全一致。

不知道读者是否已经觉得上述步骤操作起来有点儿过于麻烦了，但这里演示的还只是使用容器部署两个微服务的过程，并且不包含日后可能需要进行的排除故障、重启服务等维护工作。另外在实际生产环境中，应用程序的核心业务本身也通常会被拆分成一系列微服务，例如在"线上简历"应用程序中，其基于 Vue.js 框架实现的前端部分完全可被独立部署成另一个微服务，这意味着该应用程序在正常部署工作中至少应该可以被

部署成 3 个微服务。由此可见，在以容器化的方式来实现微服务架构时，如果我们选择
采用手动编排容器的方式来部署应用程序，整个工作流程将会是非常烦琐的，不仅要执
行创建内部网络、管理镜像和运行容器等一系列步骤，而且每个步骤中要执行的命令都
包含众多难以记忆的参数设置，这是非常容易出错的。

为了解决上述问题，并更好地在生产环境中实现基于微服务架构的应用程序部署方
案，我们需要借助一些专业的工具来实现针对多容器的自动化编排作业。通常情况下，
如果用于部署应用程序的所有容器都运行在单一设备的服务器环境中，那么使用 Docker
Compose 这个简单的容器编排工具就足以胜任相关任务了；但如果应用程序的部署环境
是包含多台设备的服务器集群环境，那么更多时候就需要用到 Kubernetes 这个功能更为
强大的容器编排工具。下面，让我们先来介绍一下 Docker Compose 在单一服务器环境
中的使用方法。

7.2　Docker Compose 简介

Docker Compose 最初的名字叫 Fig，是由一家叫作 Orchard 的公司开发的、基于
Python 运行环境的一款命令行工具，曾一度被认为是在单一服务器设备上实现容器自动
化编排的最佳方案。在 2014 年之后，由于 Docker 公司收购了 Orchard 公司，该工具在
命令行环境中的命令名称也就从此由 Fig 被改成了 Docker Compose。虽然到目前为止，
Docker Compose 作为官方提供的容器编排工具还从未被正式集成到 Docker 引擎中，但
就算已经有了 Kubernetes 这类功能更为强大的竞争者，它也仍然是运维人员在处理单一
服务器设备上的相关工作时会常备的容器编排工具。下面，我们就来简单介绍一下这个
工具的使用方法。

7.2.1　安装 Docker Compose

首先要做的自然是安装 Docker Compose。如果读者使用的是 macOS 或 Windows 系
统，那么在使用 Docker for macOS 或 Docker for Windows 这样的图形化安装包安装
Docker 套件时，Docker Compose 也会被随之安装到你的计算机中。但如果我们使用的
是 Ubuntu 这样的 Linux 发行版，那么就需要专门通过 APT 这样的包管理器工具，执行
`sudo apt install docker-compose -y` 命令来单独安装 Docker Compose。Ubuntu
20.04 之后的 APT 源中已经包含该工具的软件源。如果读者使用的是更早版本的 Ubuntu
系统，或者无法使用包管理器来安装 Docker Compose 的 Linux 发行版，则可以通过以
下命令序列来安装它。

```
# 直接下载二进制文件到 /usr/local/bin/docker-compose
$ sudo curl -L \
```

```
"https://github.com/docker/compose/releases/download/1.25.0/docker-compose-$(uname -
s)-$(uname -m)" \
  -o /usr/local/bin/docker-compose
# 赋予该文件执行权限
$ sudo chmod +x /usr/local/bin/docker-compose
# 通过查看版本来验证安装是否成功
$ docker-compose --version
```

无论我们采用的是哪一种安装方式，只要执行 docker-compose --version 命令返回了相应的版本信息（本书使用的是 1.25.0 版本），就证明 Docker Compose 已经被正确地安装到计算机中了。接下来，我们就可以用它来部署之前的"线上简历"应用程序了。

7.2.2 基本操作流程演示

从操作方面来说，Docker Compose 最大的特点就是允许运维人员通过编写 YAML 文件的方式来定义应用程序的多容器部署方案，从而解决采用微服务架构所带来的容器编排问题。YAML 文件的使用方式与之前的 Dockerfile 文件非常类似，如果说 Dockerfile 文件是以批处理的形式定义构建容器的镜像时要执行的命令序列，那么 Docker Compose 中的 YAML 文件就是以批处理的形式定义部署基于微服务架构的应用程序时所需要编排的容器以及相关的基础设施。下面，我们就先来演示一下如何使用 Docker Compose 来重新部署在 7.1 节中采用手动方式部署的"线上简历"应用程序，以便读者能更直观地感受到使用容器的自动化编排工具带来的便利，其基本操作流程如下。

1. 在 bash 之类的终端环境中使用 SSH 方式远程登录到之前配置好的服务器上，并执行 docker container rm <容器名或容器 ID> -f 命令强行终止并删除我们在 7.1 节中部署的容器。当然，如果读者另行配置了一个干净的、基于 Ubuntu 系统的服务器环境，也可以直接跳过这一步骤。

2. 进入 online_resumes 目录中，创建一个名为 docker-compose.yml 的 YAML 文件，并在其中写入如下内容（在这里，我们假设数据库文件目录在服务器上的绝对路径为<resumes_db>）。

```
version: "3.8"
services:
    resumes_db:
        image: "mongo:3.6.8"
        volumes:
        - "<resumes_db>:/data/db"
        networks:
        - resumes_net
    resumes_web:
```

```
        build: .
        ports:
        - "3000:3001"
        networks:
        - resumes_net
    networks:
        - resumes_net:
```

3. 在保存上述文件之后，我们就可以通过在 `online_resumes` 目录下执行 `docker-compose up` 命令来部署应用程序了。如果一切顺利，我们现在就可以在局域网中使用服务器以外的计算机利用 `http://onlineresumes.io` 这个域名访问"线上简历"应用程序了，效果与我们之前在图 5-6 中看到的完全一致。

正如读者所见，使用 Docker Compose 来部署同一应用程序的过程显然要比之前的手动部署简单了不少。在这里，我们的主要任务就是编写用于编排容器序列的 YAML 文件。下面，就让我们来具体介绍一下该文件的编写规则。

7.2.3   编写容器编排文件

在容器编排文件的编写规则上，Docker Compose 在默认情况下使用的是当前目录下的 `docker-compose.yml` 或 `docker-compose.yaml`。也就是说，如果我们使用的容器编排文件在路径和文件名上符合这一默认设定，在执行 `docker-compose up` 命令时是无须特别指定容器编排文件的，否则就得采用 `docker-compose -f <文件名及其路径> up` 的命令形式来具体指定要使用的 YAML 文件。另外需要说明的是，由于 YAML 文件的格式可以被视为 JSON 的一种子集格式，所以如果读者不想额外学习一种文件编写规则，也可以直接使用 JSON 文件来定义容器的编排，例如对于之前的 YAML 文件，我们也可以将其改写成如下 JSON 文件。

```
{
    "version": "3.8",
    "services": {
        "resumes_db": {
            "image": "mongo:3.6.8",
            "volumes": <
                "<resumes_db>:/data/db"
            >,
            "networks": <
                "resumes_net"
            >
        },
        "resumes_web": {
```

```
            "build": ".",
            "ports": <
                "3000:3001"
            >,
            "networks": <
                "resumes_net"
            >
        }
    },
    "networks": {
        "resumes_net": null
    }
}
```

　　如果我们将上述文件保存为一个名为 `compose.json` 的文件，那么就可以使用 `docker-compose -f compose.json build` 等命令来重新编排容器了，效果与之前完全相同。接下来，让我们来具体介绍一下容器编排文件的编写规则。

　　从整体上来说，Docker Compose 用于定义容器编排序列的 YAML/JSON 文件是一个分层的键/值结构。第一层主要由 `version`、`services`、`networks`、`volumes` 这 4 个一级键组成。下面，让我们分别介绍一下这些键的具体作用与编写规则。首先要设置的是 `version` 键。在 Docker Compose 的容器编排文件中，对于该键的设置通常必须位于其他所有一级键的前面。它的值是一个字符串，作用是声明当前容器编排文件所使用的规则版本。请注意，这里声明的并非 Docker Compose 或 Docker 引擎的版本号，读者需要根据自己使用的 Docker 引擎来选择在编写容器编排文件时要采用哪一版本的编写规则。例如在上述示例中，我们的容器编排文件采用的是 3.8 版本的编写规则，它适用于 19.03.0 版本以上的 Docker 引擎。[1]

　　接着要设置的是 `services` 键。该键用于定义当前文件所要编排的容器，每个容器都对应着应用程序中一个可独立部署的微服务，例如在上述文件中，我们部署了一个名为 `resumes_db` 的数据库服务和一个名为 `resumes_web` 的 HTTP 服务。该键的值是一个分层的键/值结构，用于设置构建容器的各项指令，常用设置如下。

- **image 键**：如果当前定义的容器可直接通过实例化现有的镜像来创建，我们就可以使用该键来指定要使用的镜像。它的值是一个字符串，格式为<镜像名>:<版本标签>，例如在上述文件中，我们在定义 `resumes_db` 容器时就通过 `image` 键指定了现有的 `mongo:3.6.8` 镜像。

- **build 键**：如果当前定义的容器没有可直接使用的镜像，我们就可以使用该键来指定用来构建该容器镜像的 `Dockerfile` 文件。它的值既可以是一个字符

---

1 读者在 Docker 的官方文档中查询"compose file version"关键词即可找到文件编写规则与 Docker 引擎之间的版本对应关系。

串，也可以是另一个分层的键/值结构，当我们将其设置为字符串时，指定的是 Dockerfile 文件所在的目录，且该文件必须使用 docker image build 命令可自动识别的文件名。如果想使用其他名称的 Dockerfile 文件，就需要将该键的值设置为另一个分层的键/值结构，然后进一步通过 content 键指定该文件所在的目录，通过 dockerfile 键指定该文件的名称，以及通过 args、labels 等其他键进行更细致的定义。

- **ports 键**：如果当前定义的容器需要与其宿主服务器之间建立端口映射，我们就可以通过该键来实现。它的值是一个字符串类型的数组，数组中的每个元素代表着一对端口映射，格式为<容器端口>:<宿主服务器端口>。另外，当容器端口与宿主服务器使用的端口相同时，它们之间的映射关系是无须特别指定的。例如在之前的容器编排文件示例中，我们在定义 resumes_db 容器时，由于容器和宿主服务器都使用 MongoDB 数据库的默认端口，所以它的端口映射就无须专门指定了。而在定义 resumes_web 容器时，由于我们需要将容器使用的 3000 端口映射到之前在宿主服务器上配置反向代理时已准备好的 3001 端口，所以就需要使用 ports 键来对其映射关系做一个特别声明。

- **environment 键**：如果想将某些数据设置为当前定义容器的环境变量，我们就可以通过该键来实现。它的值是一个键/值结构，结构中的每对键/值代表的是一个环境变量，格式为<环境变量名>:<环境变量值>。例如在之前的容器编排文件示例中，如果 resumes_web 容器中所部署的服务在连接 MongoDB 数据库时需要用户名和密码，而该服务在生产环境中访问数据库服务的用户权限通常需要等到它被部署时才会由运维人员创建并赋予，那么我们就可以让开发人员先使用环境变量的方式来编写数据库的连接代码，然后由运维人员在编写容器编排文件时，用环境变量的方式告诉容器，例如像下面这样。

```
# 此处省略其他配置
services:
    resumes_db:
        image: "mongo:3.6.8"
        volumes:
        - "<resumes_db>:/data/db"
        networks:
        - resumes_net
    resumes_web:
        build: .
        ports:
          - "3000:3001"
        environment:
            DB_USER: "owlman"
            DB_PWD: "41x0d40d7xfc5d2cxx"
```

```
networks:
  - resumes_net
```
此处省略其他配置

- **volumes 键**：如果当前定义的容器需要与其宿主服务器之间建立目录映射（其功能类似于虚拟机设置中的共享目录），以便实现数据的持久化策略，我们就可以通过该键来实现。它的值是一个字符串，编写方式有两种，一种是直接使用 <宿主服务器目录>:<容器目录> 的格式声明目录映射关系，而另一种则是使用通过在 YAML/JSON 文件中第一级的 volumes 键中声明并创建的 Docker 数据卷。

- **networks 键**：如果希望将当前定义的容器加入到某个专属的网络中，我们就可以通过该键来实现。它的值应该是我们在一级的 networks 键中声明并创建的 Docker 网络。

在默认情况下，Docker 会自动将所有新建的容器都加入到一个名为 bridge 的单机桥接网络中，后者是在当前服务器中运行的所有容器使用的公用网络。如果我们希望同属于某一应用程序的容器使用一个专用网络，就需要使用 YAML/JSON 文件中一级的 networks 键来声明并创建一个新的 Docker 网络，该键的作用就相当于 docker networks create <网络配置参数> <网络名称> 命令的作用。它的值是一个键/值结构，结构中的每对键/值都代表着 Docker 网络，编写格式为 <网络名称>:<网络配置参数>。在单一服务器环境中，我们可以创建的 Docker 网络主要有以下 3 种。

- **bridge 网络**：即桥接网络，这是 Docker 网络的默认类型，它会为加入的容器自动分配独立的内网 IP 地址，并通过这些地址来进行通信。我们在 Docker 中创建桥接类型的网络时通常无须特别指定 <网络配置参数>，只需直接指定 <网络名称> 即可，我们在之前的 YAML/JSON 示例文件中使用的就是这种配置。

- **host 网络**：即主机网络，在这种网络类型中，容器将与其宿主服务器共用同一个 IP 地址，也将直接使用数组服务的端口与外部通信，所以在某种程度上可被视为在宿主服务器上运行的普通应用程序。它通常适用于单独运行的容器，在部署基于微服务架构的应用程序时并不常用，它的设置方法是在 <网络配置参数> 中将 driver 键的值设置为 host，具体如下。

此处省略其他配置
```
networks:
  - app_net:
      driver: host
```
此处省略其他配置

- **none 网络**：即无网络，如果容器被配置了这一网络类型，那么它就既无法与其他容器通信，也无法与其宿主服务器通信。这种网络类型通常只用于独立执行、无须与外界通信的容器，设置方法也是在<网络配置参数>中将 driver 键的值设置为 none。

在默认情况下，Docker 事实上已经为用户创建好了 3 个以上类型的网络，我们之前也使用 docker networks ls 命令查看过它们。当然，在部署基于微服务架构的应用程序时，我们在单一服务器环境中通常也只用得到桥接网络。而如果是在多服务器环境中，我们可能还会用到一种被称为 overlay 的、跨服务器设备的网络类型，但对于这种大规模的分布式部署环境，我们通常会选择使用更为强大的工具来管理容器，在关于 Docker Compose 的介绍中就不再对此展开讨论了。

最后，如果我们在定义容器的过程中想使用数据卷的方式来实现数据的持久化，就可以选择使用 YAML/JSON 文件中一级的 volumes 键来声明并创建一个新的 Docker 数据卷。该键的作用就相当于 docker volume create <配置参数> <数据卷名称> 命令，它的值是一个键/值结构，结构中的每对键/值都代表着一个要创建的 Docker 数据卷，格式为<数据卷名称>:<配置参数>。例如对于之前的 YAML 文件示例，如果我们想以数据卷的方式来实现数据的持久化，就可以将该文件修改如下。

```
version: "3.8"
services:
  resumes_db:
    image: "mongo:3.6.8"
    volumes:
      - "mongodb:/data/db"
    networks:
      - resumes_net
  resumes_web:
    build: .
    ports:
      - "3000:3001"
    networks:
      - resumes_net
networks:
  resumes_net:
volumes:
  mongodb:
```

基于篇幅方面的考虑，我们在这里介绍的只是在编写 Docker Compose 容器编排文件时可能会用到的最基本写法。如果读者希望更全面地了解在使用 YAML/JSON 这类文件编排多个容器时所有可配置的内容及其配置方法，可以自行在 Google 等搜索引擎中搜索"docker compose file reference"关键词，然后查看 Docker 官方提供的相应文档。

7.3 项目实践

在正确地完成容器编排文件的编写工作之后，接下来要做的事就非常简单了，我们只需要根据运维工作的具体需要使用 Docker Compose 这个命令行工具即可。下面，就让我们来具体介绍一下在使用该工具对"线上简历"应用程序进行部署和运维工作时常遇到的使用场景，及会使用到的相关命令。

7.3.1 自动化部署

在进行部署工作的过程中，我们的主要任务是按照微服务架构将应用程序划分为一系列可独立部署的微服务，并构建用于部署这些模块的容器，然后为这些容器配置专属的通信网络，以及用于实现数据持久化的数据卷。这里提到的大部分作业都将在编写容器编排文件的过程中完成定义，在定义完成之后，我们通常会根据自己的需要执行相应的命令来实现应用程序的自动化部署。

首先会用到的是 docker-compose build 命令。该命令会根据我们定义的容器编排文件自动构建（或重新构建）部署应用程序所需要的容器、镜像、网络以及数据卷。在默认情况下，该命令会在其执行的当前目录下寻找名为 docker-compose.yml 或 docker-compose.yaml 的容器编排文件，如果读者想使用其他文件或者 JSON 格式的容器编排文件，就需要使用-f 参数来手动指定该文件，例如 docker-compose -f compose.json build。

同样为了便于在书中展示接下来要执行的部署操作，我们在这里依然选择将"线上简历"应用程序划分为核心业务与数据库两个服务模块进行部署。为此，我们需要在该应用程序所属项目的 docker-compose.yml 中将其容器编排最终定义如下。

```
version: "3.8"
services:
  resumes_db:
    image: "mongo:3.6.8"
    volumes:
      - "mongodb:/data/db"
    networks:
      - resumes_net
  resumes_web:
    build: .
    ports:
      - "3000:3001"
    environment:
      DB_USER: "owlman"
      DB_PWD: "41x0d40d7xfc5d2cxx"
```

```
    networks:
      - resumes_net
networks:
  resumes_net:
volumes:
  mongodb:
```

在保存上述文件之后，我们只需要在该文件所需的目录下执行 `docker-compose build` 命令即可。该命令将会自动执行以下操作。

1. 准备好部署应用程序所需要的专属通信网络和数据卷。在这一操作过程中，该命令会自动创建一个名为 `resumes_net` 的、桥接类型的 Docker 网络和一个名为 `mongodb` 的、按默认配置创建的 Docker 数据卷。

2. 准备好要使用的容器镜像。在这一操作过程中，由于部署 `resumes_db` 的容器使用的是已有的镜像，该命令会检查该镜像是否已经存在于本地，若不存在，则自动从 Docker Hub 等远程仓库中将该镜像拉取到本地。而部署 `resumes_web` 的容器使用的是自定义的镜像，该命令会检查该镜像是否已经存在，若不存在，则自动根据指定位置的 `Dockerfile` 文件构建该镜像。

在通过 `docker-compose build` 命令完成了容器镜像、网络与数据卷的构建之后，我们就能通过以下命令查看到它们了。

```
$ docker image ls
REPOSITORY                      TAG       IMAGE ID        CREATED        SIZE
onlineresumes_resumes_web       latest    af3ccc823f6c    21 hours ago   1.4GB
mongo                           3.6.8     336f61db5f26    3 years ago    351MB

$ docker network ls
NETWORK ID      NAME                        DRIVER      SCOPE
30626607391b    bridge                      bridge      local
caa63bce11be    host                        host        local
a3f645fa4d7c    none                        null        local
9f0a8cbfc8c5    onlineresumes_resumes_net   bridge      local

$ docker volume ls
DRIVER      VOLUME NAME
local       onlineresumes_mongodb
```

接下来，我们需要做的是执行 `docker-compose create` 命令。该命令会根据上述操作准备好的镜像来实例化所有用于部署应用程序的容器。在这些实例化操作完成之后，我们就可以通过 `docker-compose ps` 命令查看到这些容器了。

```
$ docker-compose ps
            Name                            Command              State     Ports
-------------------------------------------------------------------------------
```

```
onlineresumes_resumes_db_1     docker-entrypoint.sh mongod      Exit 0
onlineresumes_resumes_web_1     docker-entrypoint.sh /bin/ ...   Exit 0
```

最后，我们需要做的是执行 docker-compose start 命令来启动这些容器，以完成应用程序的部署。在这一操作过程中，该命令会根据我们之前在容器编排文件中的定义为这些容器配置好要使用的专属通信网络、端口映射、目录映射以及环境变量等参数。当然，在许多情况下，我们会选择直接执行 docker-compose up 命令来一步到位地完成上述操作。该命令用于自动化上线使用多容器部署的应用程序。它会先根据我们定义的容器编排文件来查看部署应用程序所需要的容器镜像、网络以及数据卷是否已经存在，如果不存在，就先执行与 docker-compose build 命令相同的构建动作，然后实例化并启动所有相关的容器。

同样地，如果我们使用的容器编排文件不是当前目录下的 docker-compose.yml 或 docker-compose.yaml，在执行 docker-compose up 命令时也需要使用 -f 参数来手动指定该文件的名称和位置。另外，该命令在默认情况下会在终端的前台运行，并实时输出容器运行的日志信息，这样会让我们无法在当前终端中执行其他操作。如果想让它和 docker-compose start 命令一样在后台运行容器，就需要在执行命令时加上 -d 参数，例如 docker-compose -f compose.json up -d。

7.3.2　容器化维护

在完成应用程序的部署工作之后，我们的工作重心就转向了应用程序的日常维护。在容器化的运维工作中，我们的主要任务是监控容器的运行状态、排除相关故障，并在需要时对其进行一定的水平扩展，提高应用程序的负载能力。为此，我们至少要掌握以下 docker-compose 命令的使用方法。

- docker-compose restart 命令：该命令用于重新启动当前被部署的应用程序中的所有容器。当然，前提是这些容器已经通过 docker-compose create 命令完成了构建，并且能通过 docker-compose ps 命令查看到。
- docker-compose pause <容器名称或 ID> 命令：该命令用于暂停运行当前被部署应用程序中的某个容器，这是在运维工作中经常会需要执行的操作。而该容器可通过执行 docker-compose unpause <容器名称或 ID> 命令来恢复运行。
- docker-compose top 命令：该命令用于列出在当前被部署的应用程序中各个容器内部所执行的进程，例如图 7-1 所示是我们对之前部署的"线上简历"应用程序执行该命令的结果。
- docker-compose ps 命令：该命令用于列出当前被部署的应用程序的各个容器。其输出内容包括容器当前的运行状态、正在运行的命令及其使用的网络端口，如图 7-2 所示。

```
-SSH- ~/c/onlineResumes » docker-compose top                                    15:03:38
onlineresumes_resumes_db_1
   UID      PID    PPID  C   STIME   TTY     TIME          CMD
   --------------------------------------------------------------------
systemd+   5639   5600  4   15:03   ?      00:00:01   mongod --bind_ip_all

onlineresumes_resumes_web_1
UID       PID    PPID  C   STIME   TTY    TIME          CMD
--------------------------------------------------------------------
root      5641   5599  0   15:03   ?      00:00:00   /bin/sh -c pm2 start ./bin/www --no-daemon
root      5765   5641  4   15:03   ?      00:00:01   node /usr/local/bin/pm2 start ./bin/www --no-daemon
root      5824   5765  4   15:03   ?      00:00:00   node /home/Service/bin/www

-SSH- ~/c/onlineResumes »                                                       15:03:47
```

图 7-1 docker-compose top 命令的输出

```
-SSH- ~/c/onlineResumes » docker-compose ps                                     15:10:16
              Name                     Command               State         Ports
onlineresumes_resumes_db_1    docker-entrypoint.sh mongod    Up      27017/tcp
onlineresumes_resumes_web_1   docker-entrypoint.sh /bin/ ... Up      3000/tcp, 0.0.0.0:3000->3001/tcp,:::30
                                                                     00->3001/tcp

-SSH- ~/c/onlineResumes »                                                       15:10:25
```

图 7-2 docker-compose ps 命令的输出

- docker-compose logs 命令：该命令用于输出当前被部署的应用程序中各
  个容器产生的日志信息，如图 7-3 所示。这些信息将会是我们在运维工作中执
  行排除故障任务时的重要依据。

```
resumes_web_1  | 2022-07-15T06:19:02: PM2 log: [--no-daemon] Continue to stream logs
resumes_web_1  | 2022-07-15T06:19:02: PM2 log: [--no-daemon] Exit on target PM2 exit pid=8
resumes_web_1  | pm2 launched in no-daemon mode (you can add DEBUG="*" env variable to get more messages)
resumes_web_1  | 2022-07-16T05:53:47: PM2 log: Launching in no daemon mode
resumes_web_1  | 2022-07-16T05:53:47: PM2 log: [PM2] Starting /home/Service/bin/www in fork_mode (1 instance)
resumes_web_1  | 2022-07-16T05:53:47: PM2 log: App [www:0] starting in -fork mode-
resumes_web_1  | 2022-07-16T05:53:48: PM2 log: App [www:0] online
resumes_web_1  | 2022-07-16T05:53:48: PM2 log: [PM2] Done.
resumes_web_1  | 2022-07-16T05:53:48: PM2 log:

resumes_web_1  | | id   | name  | namespace  | version | mode  | pid  | uptime | ʊ | status   | cp
u    | mem   | | user  | watching   |
resumes_web_1  | |

resumes_web_1  | | 0    | www   | default    | 0.0.0   | fork  | 19   | 0s     | 0 | online   | 0%
      | 34.1mb | | root  | disabled   |
resumes_web_1  | |

resumes_web_1  | 2022-07-16T05:53:48: PM2 log: [--no-daemon] Continue to stream logs
resumes_web_1  | 2022-07-16T05:53:48: PM2 log: [--no-daemon] Exit on target PM2 exit pid=8
resumes_web_1  | pm2 launched in no-daemon mode (you can add DEBUG="*" env variable to get more messages)
resumes_web_1  | 2022-07-17T07:03:27: PM2 log: Launching in no daemon mode
resumes_web_1  | 2022-07-17T07:03:27: PM2 log: [PM2] Starting /home/Service/bin/www in fork_mode (1 instance)
resumes_web_1  | 2022-07-17T07:03:27: PM2 log: App [www:0] starting in -fork mode-
resumes_web_1  | 2022-07-17T07:03:27: PM2 log: App [www:0] online
resumes_web_1  | 2022-07-17T07:03:27: PM2 log: [PM2] Done.
resumes_web_1  | 2022-07-17T07:03:27: PM2 log:

resumes_web_1  | | id   | name  | namespace  | version | mode  | pid  | uptime | ʊ | status   | cp
u    | mem   | | user  | watching   |
resumes_web_1  | |

resumes_web_1  | | 0    | www   | default    | 0.0.0   | fork  | 19   | 0s     | 0 | online   | 0%
      | 34.0mb | | root  | disabled   |
resumes_web_1  | |

resumes_web_1  | 2022-07-17T07:03:27: PM2 log: [--no-daemon] Continue to stream logs
resumes_web_1  | 2022-07-17T07:03:27: PM2 log: [--no-daemon] Exit on target PM2 exit pid=8

-SSH- ~/c/onlineResumes »                                                       15:11:34
```

图 7-3 docker-compose logs 命令的输出

- docker-compose exec <服务名称> <要执行的应用程序>命令：该命令用于让运维人员进入运行指定服务的容器中，以便进行相应的维护工作。在这里，<服务名称>就代表我们之前在容器编排文件中的 services 一级键下面定义的服务。例如，假设我们之前在部署上述应用程序示例时遇到了数据连接故障，而解决该故障只需找到 resumes_web 服务的相关源文件，并修改 MongoDB 数据库所在的 URL，将我们设置的环境变量加入进去即可，那么我们就只需要执行以下操作。

  - 执行 docker-compose exec　resumes_web bash 命令进入该容器中。
  - 使用 Vim 等编辑器打开设置了数据库连接的源文件，并对相关代码进行修改。
  - 在保存了被修改的源文件之后，执行 exit 命令退出容器并重启它。

- docker-compose scale <服务名称=数字>命令：该命令用于对指定的服务进行水平扩展。在这里，<服务名称>就代表我们之前在容器编排文件中的 services 一级键下面定义的服务。例如在之前部署的应用程序示例中，如果我们担心 resumes_web 服务因负载过重而出现宕机等故障，就可以通过执行 docker-compose scale resumes_web=3 命令将运行该服务的容器实例水平扩展成 3 个，这样就能有效地降低服务宕机的概率了。当然，在该水平扩展的过程中，我们需要先回到容器编排文件中，解除运行 resumes_web 服务的容器与其宿主服务器之间的端口映射，然后搭配 HAProxy 这类专用的负载均衡程序，否则就会遇到端口冲突的问题。

7.3.3　自动化清理

世间万物皆有始有终，在应用程序结束其生命周期时，我们需要进行一些负责任的善后工作。这部分工作的内容包括终止运行应用程序中所有的容器，并删除这些容器以及它们所使用的专属通信网络。为了更好地完成这些工作，我们至少要掌握以下 docker-compose 命令的使用方法。

- docker-compose stop 命令：该命令用于终止运行当前被部署的应用程序中的所有容器，但不会删除这些容器，即我们依然能通过 docker-compose ps 命令查看到它们。之后也可以通过 docker-compose start 命令再次运行这些容器。

- docker-compose rm 命令：在应用程序中所有容器都已经终止运行的情况下，该命令可用于删除这些容器及其使用的专属网络，但不会删除应用程序所使用的镜像与数据卷。

- docker-compose down 命令：该命令用于一步到位地自动化下线当前部署

的应用程序，它会先终止应用程序中各个容器的运行，然后删除这些容器及其使用的专属网络，但不会删除容器的镜像与数据卷。

在许多情况下，我们会选择将应用程序所使用的镜像和数据保存起来，以备日后不时之需。这部分操作通常如下。

- 使用 docker image push <镜像名称:版本标签>命令将应用程序使用的自定义镜像文件推送到 Docker Hub 这一类远程镜像仓库中，以备日后需要时重新使用。当然，前提是我们已经注册了远程镜像仓库服务。
- 将保存在容器所在服务器上的数据卷文件保存至别处，以作备份。在 Ubuntu 系统中，Docker 的数据卷文件通常保存在/var/lib/docker/volumes/<数据卷名称>目录中，如有需要，我们也可以使用 Git 版本控制系统将其备份到 GitHub 这一类远程文件仓库服务中。同样地，前提是我们已经注册了这一类远程文件仓库服务。

最后需要特别说明的是，我们在这里介绍的只是在使用 Docker Compose 在单一服务器环境中进行容器编排工作时可能会用到的常见操作，这并不等于说该工具不能用于服务器集群环境中的容器编排。我们完全可以将其与 Docker Swarm 和 Docker Machine 搭配使用，从而实现应用程序在服务器集群环境中的容器化部署，但对于这种运维环境，我们在第 8 章中会为读者介绍 Kubernetes 这种功能更为强大的容器编排工具。如果读者希望更全面地了解 Docker Compose 可执行的所有操作，可以自行查看 Docker 官方提供的相应文档。

第 8 章　自动化部署与维护（下）

在第 7 章中，我们介绍了如何使用 Docker Compose 来实现应用程序在单一服务器环境中的自动化部署与维护，但这种实现微服务架构的方案也依然还不是我们在实际生产环境中部署大规模的企业级应用程序时会采用的最佳方案。因为在单一服务器上，运行服务的所有容器实际上使用的是同一设备上的硬件资源，它们并不能在应用程序的运维工作上实现完整意义上的负载均衡，从而达到分布式部署的最佳效果。而为了达到这种最佳效果，运维人员通常会选择将企业级规模的应用程序部署在一个包含多台设备的服务器集群上。所以在本章中，我们将继续介绍如何在服务器集群环境中实现应用程序的自动化部署与维护。在这一介绍过程中，我们将会带领读者具体了解 Kubernetes 这一更为强大的容器编排工具，并学习其基本使用方法。总而言之，在阅读完本章内容之后，我们希望读者能够：

- 了解 Kubernetes 的核心设计理念和它的基本组成结构；
- 掌握使用 Kubernetes 构建服务器集群的基本工作流程；
- 掌握如何在服务器集群中实现应用程序的容器化运维。

8.1　Kubernetes 简介

在实际生产环境中，许多企业级规模的应用程序为了获得更好的执行性能和负载能力，经常会选择在多台设备组成的服务器集群上进行分布式部署，其中涉及的容器数量可能多达上百个。如果我们需要在这种服务器集群环境中实现应用程序的自动化部署与维护，容器编排工作的难度将会进一步增加。为了更好地应对这项工作，我们在这里推荐读者使用 Kubernetes（以下简称为 K8s[1]）这个功能更为强大的容器编排工具。

　　K8s 是 Google 公司于 2014 年推出的一个开源的容器编排工具，它近年来一直被公认为是在服务器集群环境中对应用程序进行容器化部署的最佳解决方案。该工具最核心的功能是实现容器的自主管理，这可以保证我们在服务器集群环境中部署的应用程序能按照指定的容器编排规则来实现自动化的部署和维护。换而言之，如果我们想部署之前的"线上简历"应用程序，就只需要在容器编排文件中定义好部署该应用程序中各项微服务时所需要创建的容器，以及这些容器之间的通信方案、数据持久化方案、负载均衡方案等。然后，K8s 就会和 Docker Compose 一样自动去实例化并启动这些容器以及相关网络、数据存储等基础设施，并持续确保这些容器处于运行状态，以及按照预定方式对其进行负载均衡，但不同的是，K8s 还会根据应用程序中各项微服务的具体负载状态自动调整相关容器实例在服务器集群中的具体运行节点。总而言之，K8s 更着重于为应用程序的用户提供不间断的服务状态。

　　为了更好地实现基于微服务架构的应用程序部署方案，K8s 的开发者在设计上对服务器设备上计算资源的调度对象进行了一系列高层次的抽象。正是因为有了这些抽象化的资源调度对象，运维人员才能得以像管理单一主机的不同部件一样管理服务器集群，因为他们只需要基于一些抽象的资源调度对象来定义应用程序的部署和维护方案，然后交由 K8s 自行决定如何在物理层面上执行这些方案。所以在具体学习 K8s 的使用方法之前，我们有必要先了解一下该工具的核心组成结构及其软件架构。

8.1.1　核心组成结构

　　K8s 相较于其他容器编排工具的独到之处在于，它能同时在物理组织和软件架构这两个层面上对服务器集群环境进行抽象化设计。首先，在面对服务器集群中的多台物理主机时，K8s 将应用程序的部署环境抽象化成了分布式的软件管理系统，它在逻辑上将服务器集群中的所有物理主机定义为一个主控节点和若干个工作节点。其中，主控节点（master）用于调度并管理部署在 K8s 系统中的应用程序，而工作节点（worker）则用于运行具体的容器实例，可被视为供 K8s 系统调度的计算资源。其具体组成结构如图 8-1 所示。

　　从该结构图中，我们可以看出 K8s 被设计成一个与 Linux 有几分相似的分层系统，其核心层包含以下一系列功能组件。

- kubelet 组件：用于管理部署在服务器集群环境中的所有容器及其镜像，同时也负责数据卷和内部网络的管理。
- Proxy 组件：用于对 K8s 中的调度单元执行反向代理、内部通信、负载均衡等操作。
- etcd 组件：用于保存整个服务器集群的运行状态，相关数据通常存储于主控节点中。

---

1 在这里，K8s 这个简称由将 Kubernetes 中间的"ubernete"8 个字母表示为"8"而来。

- API Server 组件：负责对外提供服务器集群中各类计算资源的操作接口，它同时也是集群中各组件数据交互和通信的枢纽，主要用于处理 REST 操作，并在 etcd 组件中验证、更新相关资源对象的状态（并存储）。
- Scheduler 组件：负责服务器集群中计算资源的调度，其基本原理是先通过监听 APIs 组件来获取可调度的计算资源，然后基于一系列筛选和评优算法来对这些资源进行任务分配。
- controller manager 组件：该组件基于一种被称为 Controller 的资源调度概念（我们稍后会详细介绍它）来实现对服务器集群中所有容器的编排作业。
- Container Runtime 组件：用于管理容器的镜像及它们在 K8s 调度单元中的实例化与运行。

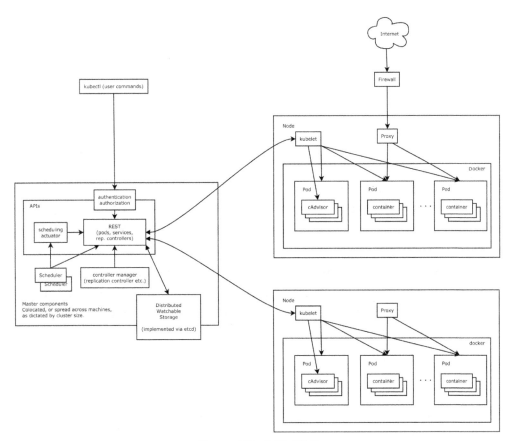

图 8-1 K8s 的组成结构

除了上述核心组件之外，K8s 在外层还设计有一个开放性的插件体系，我们还可以根据自己的需要为其安装不同的插件。例如，kube-dns 可用于为整个服务器集群提供域名解析服务，Ingress Controller 可用于为应用程序提供外网入口，coredns 插件可用于建立服务器集群内部网络，等等。通过利用该插件体系带来的可扩展性，运维人员就能实现在逻辑层面上像操作一台主机中的不同组件一样对服务器集群进行管理，任意为其新增相关的功能。

总而言之，为了给运维人员提供一个可以在多台服务器设备上部署、维护和扩展应用程序的自动化机制，K8s 被定义成了一系列松耦合的构建模块和具有高度可扩展性的分布式系统。但从某种程度上来说，如果我们想用 K8s 灵活地应对各种工作场景对应用程序负载能力的要求，还必须要在上述组成结构的基础上理解 K8s 的软件架构。也就是说，在具体介绍如何在跨服务器环境中进行应用程序的部署和维护之前，我们还需要先来了解一下 K8s 在软件层面上的架构设计。

8.1.2　软件架构设计

在软件层面的架构设计上，K8s 的设计者也对服务器集群中可调度的计算资源进行了抽象。换而言之，我们在 K8s 中所进行的所有运维工作实际上都需要通过以下一系列基于抽象的资源对象来完成。

- **Pod**：这是在 K8s 中部署应用程序时可调度的最小资源对象，它本质上是针对容器分组部署工作所进行的一种抽象。在 K8s 的设计中，被部署在同一个 Pod 中的容器将会始终被部署到同一个物理服务器上，并且每个 Pod 都会被整个集群的内部网络自动分配唯一的 IP 地址，这样就可以允许应用程序中的不同组件使用同一端口，不必担心会发生端口冲突的问题。另外，某些 Pod 还可以被定义成独立的数据卷，并被映射到某个本地磁盘目录或网络磁盘，以供其他 Pod 中的容器访问。

- **ReplicationController**：这是一种针对 Pod 的运行状态进行抽象的资源对象。该对象是早期版本的 K8s 中 ReplicaSet 对象的升级，这两种对象主要用于确保在任何时候都有特定数量的 Pod 实例处于运行状态。和 Pod 一样，我们通常不会直接手动创建和管理这一级的抽象对象，而是直接通过 Deployment 等 Controller 对象来对它们进行自动化管理。

- **Controller**：在通常情况下，我们虽然也可以通过定义基于 Pod 的容器编排规则和相关的 K8s 客户端命令来实现对 Pod 的手动调度，但如果想最大限度地发挥 K8s 的优势，运维人员更多时候会选择使用更高层次的抽象机制来实现自动化调度。其中，Controller 是一种针对 Pod 或 ReplicationController 的运行状态进行控制的资源对象。在 K8s 中，内置的 Controller 对象主要有以下 5 种。
  - Deployment：适合用于部署无状态的服务，例如 HTTP 服务。
  - StatefullSet：适合用于部署有状态的服务，例如数据库服务。

    – DaemonSet：适合用于部署需要在服务器集群的所有节点上部署相同实例的服务，例如分布式存储服务。

    – Job：适合用于执行一次性的任务，例如离线数据处理、视频解码等任务。

    – Cronjob：适合用于执行周期性的任务，例如信息通知、数据备份等任务。

● **Service**：它可以被视为一种以微服务架构的视角来组织和调度 Pod 的资源对象，K8s 会给 Service 分配静态 IP 地址和域名，并且以轮循调度的方式对应用程序的流量执行负载均衡作业。在默认情况下，Service 既可以被暴露给服务器集群的内部网络，也可以被暴露给服务器集群的外部网络。

● **namespace**：如果我们希望将一个物理意义上的服务器集群划分成若干个虚拟的集群，用于部署不同的应用程序，就可以使用 namespace 这一抽象概念对物理层面上的计算资源加以划分。

    正如之前所说，有了上面介绍的这些资源调度对象，运维人员就可以根据具体的需求来定义应用程序的部署和维护方案了，K8s 将会自行决定如何在物理层面上执行这些方案。接下来，我们的任务就是要带领读者构建一个基于 K8s 的服务器集群（下面称为 K8s 服务器集群），然后演示如何在该集群环境中定义容器编排规则，并实际部署应用程序。

8.2　构建 K8s 服务器集群

    接下来，我们为读者演示如何构建一个用于部署"线上简历"应用程序的 K8s 三机集群。为此，我们需要准备 3 台安装了 Ubuntu 20.04 系统的计算机设备。在实际生产环境中，我们通常会选择实际购买相应的物理设备或者云主机。但即使对于一些企业级用户来说，采用这种方案也会产生一笔不小的开销，这用来实现本书所需要的演示环境就显得更不经济了，因此使用虚拟机软件可能是一个更具有可行性的方案。于是，我们使用 Vagrant+VirtualBox 工具构建出了一个具有表 8-1 所示配置的服务器集群。

表 8-1　K8s 服务器集群配置

主机名	IP 地址	内存	处理器数量	操作系统
k8s-master	192.168.100.21	4GB	2	Ubuntu 20.04
k8s-worker1	192.168.100.22	2GB	2	Ubuntu 20.04
k8s-worker2	192.168.100.23	2GB	2	Ubuntu 20.04

    在完成设备方面的准备之后，我们接下来的工作是在上述 3 台设备上安装与配置 Docker+K8s 环境，并将名为 k8s-master 的主机设置成服务器集群的主控节点，而将 k8s-worker1 和 k8s-worker2 这两台主机设置为工作节点。为此，我们需要执行以下操作。

8.2.1   安装与配置 Docker+K8s 环境

为了让 K8s 服务器集群的搭建过程成为一个可重复的自动化工作流程，我们决定使用 shell 脚本的方式来完成相关的安装与配置工作。为此，我们首先需要分别进入上述 3 台主机中，并通过执行以下脚本来完成 Docker+K8s 环境的安装与基本配置。

```bash
#! /bin/bash

# 指定要安装哪一个版本的 K8s
KUBERNETES_VERSION="1.21.1-00"

# 关闭 swap 分区
sudo swapoff -a
sudo sed -ri 's/.*swap.*/#&/' /etc/fstab

echo "swap diasbled..."

# 关闭防火墙功能
sudo ufw disable

# 安装一些 Docker+K8s 环境的依赖项
sudo apt update -y
sudo apt install -y apt-transport-https ca-certificates curl wget software-properties-common

echo "Dependencies installed...
"

# 安装并配置 Docker CE
curl -fsSL https://mirrors.aliyun.com/docker-ce/linux/ubuntu/gpg | sudo apt-key add -
sudo add-apt-repository "deb [arch=amd64] https://mirrors.aliyun.com/docker-ce/linux/ubuntu $(lsb_release -cs) stable"
sudo apt update -y
sudo apt install -y docker-ce
cat <<EOF | sudo tee /etc/docker/daemon.json
{
"registry-mirrors": ["https://registry.cn-hangzhou.aliyuncs.com"],
"exec-opts":["native.cgroupdriver=systemd"]
}
EOF

# 启动 Docker
sudo systemctl enable docker
sudo systemctl daemon-reload
sudo systemctl restart docker
```

```
echo "Docker installed and configured...
"

# 安装 K8s 组件：kubelet、kubectl、kubeadm
curl https://mirrors.aliyun.com/kubernetes/apt/doc/apt-key.gpg | sudo apt-key add -
cat <<EOF | sudo tee /etc/apt/sources.list.d/kubenetes.list
deb https://mirrors.aliyun.com/kubernetes/apt/ kubernetes-xenial main
EOF
sudo apt update -y
sudo apt install -y kubelet=$KUBERNETES_VERSION kubectl=$KUBERNETES_VERSION kubeadm=
$KUBERNETES_VERSION

# 如果想禁止 K8s 的自动更新，可以锁住上述组件的版本
sudo apt-mark hold kubeadm kubectl kubelet

# 启动 K8s 的服务组件：kubelet
sudo systemctl start kubelet
sudo systemctl enable kubelet

echo "K8s installed and configured..."
```

在上述脚本执行完成之后，我们可以通过执行 `kubeadm version` 和 `kubectl version` 这两个命令来确认安装结果，如果这些命令正常输出了相应的版本信息，就说明 K8s 已经可以正常使用了。另外在该脚本中，我们可以看到除了之前已经熟悉的、用于安装和配置 Docker CE 的操作之外，它执行的主要操作就是安装 kubeadm、kubectl 和 kubelet 这 3 个组件。其中，kubeadm 是 K8s 服务器集群的后台管理工具，主要用于快速构建 K8s 服务器集群并管理该集群中的所有设备；kubectl 是 K8s 服务器集群的客户端工具，主要用于在 K8s 服务器集群中对应用程序进行具体的部署与维护工作；而 kubelet 则是 K8s 服务器集群部署在其每一台主机上的服务端组件，主要用于响应客户端的操作并维持应用程序在集群上的运行状态。

8.2.2　设置主控节点与工作节点

接下来的工作是为 K8s 服务器集群设置主控节点与工作节点。为此，我们需要先单独进入名为 k8s-master 的主机中，并通过执行以下脚本来将其设置成集群的主控节点。

```
#! /bin/bash

# 指定主控节点的 IP 地址
MASTER_IP="192.168.100.21"
# 指定主控节点的主机名
```

```
NODENAME=$(hostname -s)
# 指定当前 K8s 服务器集群中 Pod 所使用的 CIDR
POD_CIDR="10.244.0.0/16"
# 指定当前 K8s 服务器集群中 Service 所使用的 CIDR
SERVICE_CIDR="10.96.0.0/12"
# 指定当前使用的 K8s 版本
KUBE_VERSION=v1.21.1

# 特别预先加载 coredns 插件
COREDNS_VERSION=1.8.0
sudo docker pull registry.cn-hangzhou.aliyuncs.com/google_containers/coredns:$COREDNS_
VERSION
    sudo docker tag registry.cn-hangzhou.aliyuncs.com/google_containers/coredns:$COREDNS_
VERSION registry.cn-hangzhou.aliyuncs.com/google_containers/coredns/coredns:v$COREDNS_VERSION

# 使用 kubeadm 组件初始化 K8s 服务器集群
sudo kubeadm init \
--kubernetes-version=$KUBE_VERSION \
--apiserver-advertise-address=$MASTER_IP \
--image-repository=registry.cn-hangzhou.aliyuncs.com/google_containers \
--service-cidr=$SERVICE_CIDR \
--pod-network-cidr=$POD_CIDR \
--node-name=$NODENAME \
--ignore-preflight-errors=Swap

# 生成主控节点的配置文件
mkdir -p $HOME/.kube
sudo cp -i /etc/kubernetes/admin.conf $HOME/.kube/config
sudo chown $(id -u):$(id -g) $HOME/.kube/config

# 将主控节点的配置文件备份到别处
config_path="/vagrant/configs"

if [ -d $config_path ]; then
sudo rm -f $config_path/*
else
sudo mkdir -p $config_path
fi

sudo cp -i /etc/kubernetes/admin.conf $config_path/config
sudo touch $config_path/join.sh
sudo chmod +x $config_path/join.sh

# 将往 K8s 服务器集群中添加工作节点的命令保存为脚本文件
kubeadm token create --print-join-command > $config_path/join.sh
```

```
# 安装名为 flannel 的网络插件
sudo wget https://raw.****************com/coreos/flannel/master/Documentation/kube-
flannel.yml
sudo kubectl apply -f kube-flannel.yml

# 针对 Vagrant+VirtualBox 虚拟机环境的一些特定处理
sudo -i -u vagrant bash << EOF
mkdir -p /home/vagrant/.kube
sudo cp -i /vagrant/configs/config /home/vagrant/.kube/
sudo chown 1000:1000 /home/vagrant/.kube/config
EOF
```

在上述脚本中，除了因国内网络环境而使用了基于阿里云的镜像来对 coredns 插件进行预加载操作之外，我们的主要工作就是使用 kubeadm 对 K8s 服务器集群进行初始化。在这里，`kubeadm init` 命令会自动将当前主机设置为整个集群的主控节点，我们在执行该命令时需提供以下参数。

- **kubernetes-version 参数**：该参数用于指定当前使用的 K8s 的版本。
- **apiserver-advertise-address 参数**：该参数用于指定访问当前 K8s 服务器集群的 API Server 时需要使用的 IP 地址，通常就是主控节点所在主机的 IP 地址。
- **image-repository 参数**：该参数用于指定当前 K8s 服务器集群所使用的远程容器镜像仓库，在这里，我们使用的是阿里云镜像仓库。
- **service-cidr 参数**：该参数用于指定当前 K8s 服务器集群中 Service 对象的 CIDR，这决定了这些 Service 对象在该集群内部网络中可被分配的 IP 地址段。
- **pod-network-cidr 参数**：该参数用于指定当前 K8s 服务器集群中 Pod 对象的 CIDR，这决定了这些 Pod 对象在该集群内部网络中可被分配的 IP 地址段。
- **node-name 参数**：该参数用于指定当前节点在 K8s 服务器集群中的名称，通常情况下，我们会将其设置为当前主机的名称。
- **ignore-preflight-errors 参数**：该参数用于指定要忽略的预检错误。

如果一切顺利的话，在 **kubeadm init** 命令执行完成之后，当前主机就成功地被设置成了当前 K8s 服务器集群的主控节点。接下来，我们需要继续执行两项善后工作。首先要做的是将当前 K8s 服务器集群的配置文件备份至别处，并复制一份到我们在主控节点的$HOME/.kube/目录下，这样一来，我们就可以在主控节点中使用 kubectl 客户端工具操作整个集群了。

其次，我们将用于往当前 K8s 服务器集群中添加工作节点的命令保存成一个名为 join.sh 的 shell 脚本文件，并将其备份至别处 (在这里，将其备份至/vagrant/configs/

目录中）。然后，我们就只需要再分别进入到 k8s-worker1 和 k8s-worker2 这两台主机中，并通过执行以下脚本来将其设置成 K8s 服务器集群的工作节点。

```
#! /bin/bash

# 执行之前保存的，用于往 K8s 服务器集群中添加工作节点的脚本
/bin/bash /vagrant/configs/join.sh -v

# 如果希望在工作节点中也能使用 kubectl，可执行以下命令
sudo -i -u vagrant bash << EOF
mkdir -p /home/vagrant/.kube
sudo cp -i /vagrant/configs/config /home/vagrant/.kube/
sudo chown 1000:1000 /home/vagrant/.kube/config
EOF
```

如果读者仔细查看一下 join.sh 文件的内容，就会看到往当前 K8s 服务器集群中添加工作节点的操作是通过 kubeadm join 命令实现的。该命令在当前 K8s 服务器集群中的使用方式，会在 kubeadm init 命令执行成功之后，以返回信息的形式提供给用户，大致如下。

```
kubeadm join 192.168.100.21:6443 --token 6e2oxk.affn2w8jqe4vkr0p --discovery-token-
ca-cert-hash sha256:c6c928b4f4e6403b9d05bde57511aa1742e0254344219c7ca94848175bbab1fe
```

正如读者所见，我们在执行 kubeadm join 命令时通常需要提供以下参数。

- K8s API Server：在该参数中，我们会指定当前 K8s 服务器集群的 API Server 所使用的 IP 地址和端口号，通常情况下就是主控节点的 IP 地址，默认端口号为 6443。
- token 参数：该参数用于指定加入当前 K8s 服务器集群所需要使用的令牌，该令牌会在 kubeadm init 命令执行成功之后，以返回信息的形式提供给用户。
- discovery-token-ca-cert-hash 参数：该参数是一个哈希类型的值，主要用于验证加入令牌的认证机构（Certification Authority，CA）公钥，该哈希值也会在 kubeadm init 命令执行成功之后，以返回信息的形式提供给用户。

8.2.3　使用 kubectl 远程操作集群

到目前为止，我们在操作 K8s 服务器集群的时候，都需要先进入该集群的主控节点中，然后使用 kubectl 等工具。但在现实生产环境中，我们能直接进入主控节点的机会并不多，因为该服务器设备大概率位于"十万八千里"之外的某个机房里，我们甚至都不知道它是一台实体设备还是虚拟云主机。当然，我们也可以在以 Windows 或 macOS 为操作系统的个人工作机上先使用 SSH 等远程登录的方式进入集群的主控节点中，然

后执行 K8s 的相关操作，但更为专业的做法是直接在工作机上使用 kubectl 客户端工具远程操作 K8s 服务器集群。为此，我们需要在工作机上进行如下配置。

1. 通过在搜索引擎中搜索"kubectl"找到该客户端工具的官方下载页面，然后根据自己工作机使用的操作系统下载相应的安装包，并将 kubectl 安装到工作机中。

2. 进入 Windows 或 macOS 的系统用户目录中。如果读者使用的是 Windows 10/11 系统，该目录就是 C:\Users\<你的用户名>；如果读者使用的是 macOS，该目录就是 /user/<你的用户名>；如果读者使用的是 Ubuntu 这样的 Linux 系统，该目录就是 /home/<你的用户名>。

3. 在系统目录中创建一个名为 .kube 的目录，并将之前保存的名为 config 的 K8s 服务器集群配置文件复制到其中。

4. 在个人工作机上打开 PowerShell 或 bash 这样的终端环境，并执行 kubectl get nodes 命令，如果得到如下输出，就说明我们已经可以在当前设备上对之前创建的 K8s 服务器集群进行操作了。

```
$ kubectl get nodes
NAME          STATUS    ROLES                  AGE    VERSION
k8s-master    Ready     control-plane,master   22h    v1.21.1
k8s-worker1   Ready     <none>                 20h    v1.21.1
k8s-worker2   Ready     <none>                 21h    v1.21.1
```

8.3 项目实践

在完成 K8s 服务器集群的环境构建之后，我们就可以正式地在该服务器集群中开展应用程序的运维工作了。下面，就让我们来具体介绍一下使用 K8s 对"线上简历"应用程序进行部署的基本步骤、容器编排文件的编写规则、运维工作中会遇到的使用场景，以及在这些场景中会使用到的相关命令。

8.3.1 部署应用的基本步骤

现在，让我们先来演示一下如何将应用程序部署到 K8s 服务器集群中，并将其运行。正如之前所说，K8s 的核心设计目标就是将物理层面上由多台主机组成的服务器集群抽象成一台逻辑层面上的单机环境，以便用户可以像管理一台主机中的不同组件一样管理服务器集群中的计算资源。因此，使用 K8s 部署应用程序的步骤其实和我们之前使用 Docker Compose 在单一服务器环境中部署应用程序的步骤是大同小异的。接下来，我们就来具体演示一下如何使用 K8s 来完成"线上简历"应用程序的部署。

1. 在 K8s 服务器集群的主控节点上创建一个名为 online_resumes 的目录，并使用 Git 或 FTP 等工具将我们之前已经编写好的"线上简历"应用程序的源代码复制到该目录中。

2. 进入 online_resumes 目录中，并根据已有的 Dockerfile 文件来执行 sudo docker image build -t online_resumes 命令。该命令会将应用程序的核心业务模块打包成一个新的 Docker 镜像。待命令执行完成之后，我们就可以在 docker image ls 命令返回的本地镜像列表中看到这个名为 online_resumes 的镜像了。

3. 由于我们使用的是一个三机集群环境，所以还需要继续在主控节点中使用 docker image save -o /vagrant/k8s_yml/resumes.img online_resumes 命令（这里的 /vagrant 目录是 Vagrant 设置的虚拟机共享目录）将刚才创建的镜像以文件的形式导出并保存到别处。然后分别进入到另外两个工作节点中，通过执行 docker image load -i /vagrant/k8s_yml/resumes.img 命令将该镜像加载到 Docker 镜像列表中。当然，如果读者注册了 Docker Hub 这样的远程仓库服务，也可以使用 docker push 命令将镜像推送到远程仓库中，让 K8s 自动拉取它们。

4. 在 K8s 服务器集群的主控节点上执行 sudo kubectl create namespace online-resumes 命令，以便在该集群中单独创建一个用于部署"线上简历"应用程序的 namespace。

5. 由于"线上简历"应用程序的核心业务模块是一个基于 HTTP 的无状态服务，所以我们打算使用 Deployment 类型的控制器编排容器，并将其部署成 K8s 服务器集群的一个 Service。为此，我们需要在 online_resumes 目录下创建一个名为 express-deployment.yml 的资源定义文件，其具体内容如下。

```
apiVersion: apps/v1            # 指定 Deployment API 的版本
                               # 可用 kubectl api-versions 命令查看
kind: Deployment               # 定义资源对象的类型为 Deployment
metadata:                      # 定义 Deployment 对象的元数据信息
name: express-deployment       # 定义 Deployment 对象的名称
namespace: online-resumes      # 定义 Deployment 对象所属的命名空间
spec:                          # 定义 Deployment 对象的具体特征
replicas: 3                    # 定义 Deployment 对象要部署的数量
selector:                      # 定义 Deployment 对象的选择器，以便其他对象引用
    matchLabels:               # 定义选择器用于匹配的标签
      app: resumes-web         # 定义选择器的 app 标签
template:                      # 定义 Deployment 对象中的 Pod 对象模板
    metadata:                  # 定义 Pod 对象模板的元数据
    labels:                    # 定义 Pod 对象模板的标签信息
        app: resumes-web       # 定义 Pod 对象模板的 app 标签
    spec:                      # 定义 Pod 对象模板的具体特征
    containers:                # 定义 Pod 对象模板中要部署的容器列表
```

```
    - name: resumes-web          # 定义第一个容器的名称
        image: online_resumes:latest  # 定义该容器使用的镜像
        imagePullPolicy: Never   # 定义拉取容器的方式，主要有如下几种
                                 # Always：始终从远程仓库中拉取
                                 # Never：始终使用本地镜像
                                 # IfNotPresent：优先使用本地镜像，镜像不存在时从远
                                 #   程仓库拉取
        ports:                   # 定义容器的端口映射
        - containerPort: 3000    # 定义容器对外开放的端口


---
apiVersion: v1                   # 指定 Service API 的版本
                                 # 可用 kubectl api-versions 命令查看
kind: Service                    # 定义资源对象的类型为 Service
metadata:                        # 定义 Service 对象的元数据信息
name: express-service            # 定义 Service 对象的名称
namespace: online-resumes        # 定义 Service 对象所属的命名空间
labels:                          # 定义 Service 对象的标签信息
    app: resumes-web             # 定义 Service 对象的 app 标签
spec:                            # 定义 Service 对象的具体属性
type: ClusterIP                  # 定义 Service 对象的类型为 ClusterIP，这也是其默认类型
ports:                           # 定义 Service 对象的端口映射
    - port: 80                   # 定义 Service 对象对外开放的端口
    targetPort: 3000             # 定义 Service 对象要转发的内部端口
selector:                        # 使用选择器定义 Service 对象要部署的资源对象
    app: resumes-web             # 该 app 标签匹配的是稍后定义的 Deployment 对象
```

6. 由于"线上简历"应用程序的数据库模块是一个有状态的 MongoDB 服务，所以它适合用 StatefullSet 类型的控制器编排容器，并用 StorageClass 对象定义一个数据持久化方案，最后将其部署成 K8s 服务器集群的另一个 Service。为此，我们需要在 online_resumes 目录下创建一个名为 mongodb-statefulset.yml 的资源定义文件，其具体内容如下。

```
# 用 StorageClass 对象定义一个数据持久化方案
apiVersion: storage.k8s.io/v1 # 指定 StorageClass API 的版本
kind: StorageClass            # 定义资源对象的类型为 StorageClass
metadata:                     # 定义 StorageClass 对象的元数据信息
name: cluster-mongo           # 定义 StorageClass 对象的名称
provisioner: fuseim.pri/ifs   # 定义 StorageClass 对象采用 ifs 文件系统


---
# 用 StatefulSet 对象来组织用于部署 MongoDB 数据库的 Pod 对象
apiVersion: apps/v1           # 指定 StatefulSet API 的版本
kind: StatefulSet             # 定义资源对象的类型为 StatefulSet
```

```
metadata:                        # 定义 StatefulSet 对象的元数据信息
name: mongodb-statefulset        # 定义 StatefulSet 对象的名称
namespace: online-resumes        # 定义 StatefulSet 对象所属的命名空间
spec:                            # 定义 StatefulSet 对象的具体属性
selector  :                      # 定义 StatefulSet 对象的选择器，以便其他对象引用
    matchLabels:                 # 定义该选择器用于匹配的标签
        role: mongo              # 定义该选择器的 role 标签，用于匹配相应的认证规则
        environment: test        # 定义该选择器的环境标签为 test
serviceName: mongo-service
replicas: 2                      # 定义 StatefulSet 对象要部署的数量
template:                        # 定义 StatefulSet 对象中的 Pod 对象模板
    metadata:                    # 定义 Pod 对象模板的元数据
        labels:                  # 定义 Pod 对象模板的标签信息
            role: mongo
            environment: test
    spec:                        # 定义 Pod 对象模板的具体属性
    containers:                  # 定义 Pod 对象模板中要部署的容器列表
    - name: mongo                # 定义第一个容器的名称
        image: mongo:latest      # 定义第一个容器使用的镜像
        command:                 # 设置启动该容器的命令参数
        - mongod
        - "--replSet"
        - rs0
        - "--bind_ip"
        - 0.0.0.0
        - "--smallfiles"
        - "--noprealloc"
        ports:                   # 定义该容器对外开放的端口
        - containerPort: 27017
        volumeMounts:            # 定义该容器所要挂载的数据卷
        - name: mongo-storage
            mountPath: /data/db
    - name: mongo-sidecar        # 定义第二个容器的名称及相关参数
        image: cvallance/mongo-k8s-sidecar:latest # 定义第二个容器使用的镜像
        env:
        - name: MONGO_SIDECAR_POD_LABELS
            value: "role=mongo,environment=test"
volumeClaimTemplates:            # 定义 StatefulSet 对象所要使用的数据卷模板
    - metadata:
        name: mongo-storage
    spec:
        storageClassName: cluster-mongo # 采用之前已定义的 StorageClass
        accessModes: ["ReadWriteOnce"]  # 定义数据卷的读写模式
        resources:                      # 定义该模板要申请的存储资源
        requests:
```

```
        storage: 10Gi                            # 数据卷的容量


---
# 将上述 StatefulSet 控制器对象组织的 Pod 导出为本地服务
apiVersion: v1
kind: Service
metadata:
name: mongo-service
namespace: online-resumes
labels:
    name: mongo-service
spec:
clusterIP: None                       # 定义该 Service 对象的网络类型为本地访问
ports:
    - port: 27017
      targetPort: 27017
selector:
    role: mongo


---
# 将上述 StatefulSet 控制器对象组织的 Pod 导出为外部服务
apiVersion: v1
kind: Service
metadata:
name: mongo-cs
namespace: online-resumes
labels:
    name: mongo
spec:
type: NodePort                        # 定义该 Service 对象的网络类型为 NodePort
ports:
    - port: 27017
      targetPort: 27017
      nodePort: 30717
selector:
    role: mongo
```

7. 将上面定义的两个容器编排文件复制到 K8s 服务器集群的主控节点中，分别执行 `kubectl create -f express-deployment.yml` 命令和 `kubectl create -f mongodb-statefulset.yml` 命令创建相关的 Pod 实例和 Service 实例，并启动它们。如果一切顺利，我们就可以通过以下操作来确认应用程序的部署情况。

```
$ sudo kubectl get services -n online-resumes
NAME              TYPE         CLUSTER-IP        EXTERNAL-IP PORT(S)        AGE
```

```
express-service       ClusterIP     10.104.174.250   <none>        80/TCP            18m
mongo-cs              NodePort      10.109.1.28      <none>        27017:30717/TCP   88s
mongo-service         ClusterIP     None             <none>        27017/TCP         88s

$ sudo kubectl get deployments -n online-resumes
NAME                 READY    UP-TO-DATE    AVAILABLE    AGE
express-deployment   3/3      3             3            18m

$ sudo kubectl get statefulsets -n online-resumes
NAME                 READY    AGE
mongodb-statefulset  2/2      46m

$ sudo kubectl get pods -n online-resumes
NAME                                  READY    STATUS     RESTARTS    AGE
express-deployment-75d7c69766-266hq   1/1      Running    0           23m
express-deployment-75d7c69766-kxfhr   1/1      Running    0           23m
express-deployment-75d7c69766-lh5kr   1/1      Running    0           23m
mongodb-statefulset-0                 2/2      Running    0           46m
```

只要看到了与上面类似的输出，就说明我们已经成功完成了"线上简历"应用程序在 K8s 服务器集群环境中的容器化部署。接下来就可以利用 kubectl 这一 K8s 服务器集群的客户端工具对应用程序进行日常维护工作了。

8.3.2　编写资源定义文件

和使用 Docker Compose 时类似，我们在 K8s 服务器集群中部署一个应用程序的主要任务也是编写用于定义各类资源对象的 YAML 文件。正如之前在第 7 章中所说，YAML 文件的格式可以被视为 JSON 的一种子集格式，由于它只需凭借简单的缩进和键/值对格式就可以描述出一个内容颇为复杂的分层数据结构，因而相对于 JSON 格式而言更适用于执行软件的配置与管理工作。下面，就让我们来简单介绍一下使用 YAML 文件在 K8s 服务器集群中定义资源对象的基本规则。

在 K8s 服务器集群中，资源对象在本质上就是服务器集群状态在软件系统中的抽象化表述，它们会以运行时内存实体的形式始终存在于 K8s 服务器集群的整个生命周期中，并用于描述如下信息：

- 在服务器集群中运行的应用程序（以及它们所在的服务器节点）；
- 上述应用程序可以使用的计算资源，例如网络、数据卷等；
- 上述应用程序所采用的运维策略，比如重启策略、升级策略以及容错策略。

因此和软件在运行时管理的其他内存实体一样，K8s 服务器集群中的资源对象的创建、修改、删除等操作也都需要通过调用 K8s API 来完成。也就是说，我们在编写定义资源对象的 YAML 文件时，实际上在做的就是拟定 K8s API 的调用方法及其调用参数，因此所有的 K8s 服务器集群资源对象定义文件中应该都至少包含以下 4 个必需字段。

- apiVersion 字段：用于声明当前文件创建资源对象时所需要使用的 K8s API 的版本，当前系统中可用的 K8s API 版本可用 kubectl api-versions 命令进行查询。
- kind 字段：用于声明当前文件要创建的资源对象所属的类型，例如 Pod、Deployment、StatefulSet 等。
- metadata 字段：用于声明当前资源对象的元数据，以便唯一标识被创建的对象。该元数据中通常包括一个名为 name 的子字段，用于声明该资源对象的名称，有时候还会加上一个 namespace 子字段，用于声明该资源对象所属的命名空间。
- spec 字段：用于声明当前资源对象的具体属性，用于具体描述被创建对象的各种细节信息。

需要特别注意的是，K8s 服务器集群中不同类型的资源对象在 spec 字段中可配置的子字段是不尽相同的，我们需要在 K8s API 的官方文档中根据要创建的资源类型来了解其 spec 字段可配置的具体选项，例如，Pod 对象的 spec 字段可配置的是我们在该对象中所要创建的各个容器及其要使用的镜像等信息；对于 Deployment、StatefulSet 这一类控制器对象，spec 字段可配置的通常是它在组织相关资源对象时所需要使用的 Pod 对象模板；而 Service 对象的 spec 字段可配置的则是被导出为服务的资源对象及其使用网络类型、端口映射关系等信息。

对于资源对象的配置细节，我们在 8.2 节中就已经以"线上简历"应用程序为例，分别针对无状态的 Web 服务和有状态的数据库服务在 K8s 服务器集群中的部署做了具体的示范，并在定义这些对象的 YAML 文件中添加了详细的注释信息，以供读者参考。当然，同样基于篇幅方面的考虑，我们在本书中介绍的依然只是在编写 K8s 服务器集群资源定义文件时可能会用到的基本写法。如果读者希望更全面地了解在使用这类 YAML 文件定义 K8s 服务器集群中各种类型的资源对象时所有可配置的内容及其配置方法，可以自行在 Google 等搜索引擎中搜索"Kubernetes API"关键词，然后查看更为详尽的文献资料。[1]

8.3.3 使用 kubectl

在 K8s 服务器集群中，对应用程序的日常维护工作大部分都是通过 kubectl 这个客户端命令行工具来完成的。在接下来的内容中，我们就结合维护工作中常见的使用场景

---

1 在搜索参考文献时最好不要使用"K8s"这样的缩写形式，这会让我们错过一些正式的官方文档。

来介绍该客户端工具的具体使用方法。

首先是基于 YAML 格式的资源定义文件的操作，我们在执行这一类操作时经常会用到以下命令。

- kubectl create -f <YAML 文件名>命令：该命令会根据<YAML 文件名>参数指定的资源定义文件创建相关的资源对象，并将其部署到 K8s 服务器集群中。
- kubectl apply -f <YAML 文件名>命令：该命令会根据<YAML 文件名>参数指定的资源定义文件修改相关的资源对象，并将其重新部署到 K8s 服务器集群中。
- kubectl delete -f <YAML 文件名>命令：该命令会根据<YAML 文件名>参数指定的资源定义文件删除相关的资源对象，并解除其在 K8s 服务器集群中的部署。

在上述命令中，kubectl create -f <YAML 文件名>和 kubectl apply -f <YAML 文件名>命令都可以用于根据指定的资源定义文件创建资源对象（利用-f 参数），区别在于：kubectl apply -f <YAML 文件名>命令可以根据目标资源的存在情况来调整要执行的操作。如果资源对象不存在，则根据资源定义文件创建该对象；如果资源对象已经存在，但资源定义文件已经被修改，就将修改应用于该对象中，如果资源定义文件没有变化，则什么也不做。简而言之，kubectl apply -f <YAML 文件名>命令是一个可在运维工作中反复使用的命令，而 kubectl create -f <YAML 文件名>命令通常只能用于一次性地创建不存在的资源对象。

接下来，我们需要了解的是对已经部署到 K8s 服务器集群中的资源对象可以执行的常用操作，在执行这一类操作时经常会用到以下命令。

- kubectl get <资源类型> <参数列表>命令：该命令用于列出部署在 K8s 服务器集群中的所有资源对象及其相关信息。在该命令中，<资源类型>可以是 pods、deployments、statefulsets、services 等我们之前介绍过的资源对象类型；而<参数列表>则可以用于为该命令指定一些具体条件，例如-n 参数可用于指定资源对象所属的命名空间，默认情况下使用的是 default 命名空间，而-o 参数则可以指定返回信息的呈现样式。
- kubectl describe <资源对象> <参数列表>命令：该命令用于查看 K8s 服务器集群中指定资源对象的信息。在该命令中，<资源对象>需指定资源对象的名称及其所属的资源类型，例如，如果想查看一个名为 express-pod 的 Pod 对象，命令就该是 kubectl describe pod express-pod。同样地，我们也可以在<参数列表>中使用-n 参数来指定资源对象所属的命名空间，默认情况下使用的是 default 命名空间。
- kubectl delete <资源对象> <参数列表>命令：该命令用于删除部署在 K8s

服务器集群中的资源对象。在该命令中，<资源对象>和<参数列表>部分的编写语法与 kubectl describe <资源对象> <参数列表>命令相同。

- kubectl edit <资源对象> <参数列表>命令：该命令用于修改部署在 K8s 服务器集群中的资源对象，它会使用 Vim 编辑器打开指定资源对象的 YAML 文件，以便我们修改对象的定义。在该命令中，<资源对象>和<参数列表>部分的编写语法也与 kubectl describe <资源对象> <参数列表>命令的相同。

- kubectl exec <Pod 对象> <参数列表>命令：该命令用于进入指定<Pod 对象>的容器中，它的编写语法与 docker exec 命令的基本相同，默认情况下会进入 Pod 对象中的第一个容器中，如果需要进入其他容器，就需要使用-c 参数指定容器名称。例如 kubectl exec -it express-pod -c resumes-web /bin/bash 命令的作用就是进入名为 express-pod 的 Pod 对象中的 resumes-web 容器中，并执行/bin/bash 程序。

- kubectl scale <资源对象> <参数列表>命令：该命令用于对指定<资源对象>的数量进行动态调整，它的编写语法与 docker-compose scale 命令的基本相同。例如 kubectl scale deployment express-deployment --replicas=5 命令的作用就是将名为 express-deployment 的 Deployment 控制器对象在 K8s 服务器集群中的运行实例数量修改为 5 个。

- kubectl set image <资源类型/资源对象名称> <镜像名称="版本标签">命令：该命令用于更改指定容器镜像的版本。例如，如果我们想将"线上简历"应用程序中使用的 mongo 镜像的版本改为 3.4.22，就可以通过执行 kubectl set image statefulset/mongodb-statefulset mongo="mongo:3.4.22" 命令来实现。

- kubectl rollout undo <资源类型/资源对象名称>命令：该命令用于回滚被修改的资源对象，将其恢复到被修改之前的状态。例如，如果我们在更新了上述 mongo 镜像之后出现问题，就可以通过执行 kubectl rollout undo statefulset/mongodb-statefulset 命令来将其回滚到之前的版本。

最后，了解一下可对 K8s 服务器集群本身执行的操作，我们在执行这一类操作时经常会用到以下命令。

- kubectl get nodes <参数列表>命令：该命令用于列出当前 K8s 服务器集群中的所有节点，其<参数列表>部分的编写语法与之前用于查看资源对象的 kubectl get <资源对象类型> <参数列表>命令的相同。

- kubectl api-versions 命令：该命令用于查看当前系统所支持的 K8s API 及其版本，我们可以根据其返回的信息来编写资源定义文件。

- kubectl cluster-info 命令：该命令用于查看当前 K8s 服务器集群的相关信息。

附录 A　Git 简易教程

在一般情况下，计算机上的程序开发项目都是从时间和空间两个维度上进行维护的。在空间维度上，项目中的源代码文件以及管理依赖关系的文件（例如 makefile 文件）通常都是借由计算机操作系统以文件目录的形式进行维护的。然而，我们应该使用什么工具来记录并管理在不同时间节点上所做的各种修改呢？答案是版本控制系统。这是一种在时间维度上维护计算机程序项目的软件系统，它的功能就是方便开发者们记录并管理自己在某个特定时间节点上编写的代码，以便在必要时实现一些"有后悔药吃"的效果。下面，就让我们以 Git 为工具来学习一下版本控制系统的操作方法。

A.1　版本控制系统简介

在计算机领域中，版本控制是用于维护软件工程的重要方法之一。软件工程的管理者们经常使用这种方法来管控一个软件项目从开始到结束的整个产品生命周期。其主要目的是跟踪并维护团队中所有工程师对软件源代码及其配置文件等所做的所有改动，以便合并有效且正确的工作，撤销无效或错误的工作，提高整个团队的工作效率。而对于能辅助人类实现自动化版本控制作业的软件工具，我们就称之为版本控制系统（Version Control System，VCS）。

A.1.1　版本控制术语

在版本控制系统中，软件工程师们对于其专有的概念和操作都有一些约定俗成的专业术语来进行描述。下面，我们就先罗列一下这些术语及其所代表的含义。

- 版本（version）：指的是项目开发过程中某个被标记并存储下来的时间节点，其中包含项目中所有文件在该时间节点上的副本。
- 仓库（repository）：指的是用于记录并存储项目不同版本的地方，通常位于版本控制系统所在的服务器上。
- 分支（branch）：指的是项目开发过程中的流程，项目中的每个分支都代表着一个独立的开发流程，用于解决一个独立的议题。
- 提交（commit）：指的是开发者将在本地端所记录的版本上交至版本控制系统的服务端仓库。
- 冲突（conflict）：指的是项目团队中的不同开发者针对同一份文件提交了在时间上并行的版本，在这种情况下版本控制系统就会提出警告。
- 合并（merge）：指的是查看引发冲突警告的并行版本，将它们所做的修改进行审查、取舍并整合为一个版本并重新提交。
- 检出（checkout）：指的是开发者从版本控制系统的服务端仓库取出某一指定版本的文件副本到本地端，取出的可以是指定的文件，也可以是整个项目。

A.1.2　版本控制方式

从版本管理的方式上来看，版本控制系统主要可分为**集中式版本控制系统**和**分布式版本控制系统**两大类。

- 集中式版本控制系统（centralized version control system）通常会在项目团队中设置一台中央版本控制服务器，并通过它来为参与该项目的所有开发者提供版本控制服务。这类版本控制系统在过去的很长一段时间内占据业界的主流，主要以 CVS 与 Subversion 为代表，它们都有一个共同的缺点，即时常会因为单点造成的故障而让项目团队蒙受巨大损失。
- 分布式版本控制系统（distributed version control system）的出现在很大程度上克服了集中式版本控制系统的缺点。这类版本控制系统会让项目团队中的每个开发者都持有项目的一个完整镜像（当然，缺点是会带来相当程度的信息冗余）。也就是说，现在项目团队中的每个参与者所使用的计算机都可以视为版本控制服务器。这样一来，即使项目团队中有某个单点因故障而失去了服务能力，其他节点还是可以继续维持版本控制系统的正常运转。这类版本控制系统主要以 BitKeeper、Git 为典型代表。

A.2　Git 版本控制系统

由于利努斯·托瓦尔兹（Linus Torvalds）一直不喜欢集中式版本控制系统，所以在

2002 年到 2005 年，他甚至一度不惜顶着开源社区巨大的争议压力而选择使用 BitKeeper
这个商业版本控制系统来维护 Linux 内核项目，为的是坚持分布式的开发方式。然而在
2005 年 4 月的某一天，Samba 文件服务的开发者 Andrew Tridgell 为了编写一个能链接
到 BitKeeper 存储库的简单交互程序，对其进行了逆向工程。由于这已经不是 Linux 项
目的开发者们第一次对该商业软件进行逆向工程了，于是在多次警告无效的情况下，
BitKeeper 所属的 BitMover 公司忍无可忍地终止了对 Linux 内核项目的授权。所以，Git
最初被开发出来只是因为利努斯·托瓦尔兹急需一个能替代 BitKeeper 的分布式版本控
制系统，以便继续维护 Linux 的内核项目。后来这个软件由于表现太过优秀，就逐步发
展成了业界最受欢迎的版本控制系统。

A.2.1　Git 的特性

　　下面来重点讨论一下 Git 相较于 Subversion、CVS 等其他主流版本控制系统的特殊
之处。首先，它在版本迭代的过程中记录的并非基于初始文件的变化数据，它通过更为
小型化的快照（snapshot）文件体系来记录项目的版本历史。这样一来，如果某一份文
件在版本更新后没有发生任何变化，那么它在这一新版本中的存储形式只是一个文件链
接，指向的是它自身最近一次发生变化的那个副本。

　　其次，由于 Git 的操作基本上都是在本地端进行的，所以它几乎所有的操作都是瞬
间完成的。例如在开发者们想要查看项目历史时，他们不需要特地去服务端抓取项目版
本的历史记录，直接在本地浏览即可。这意味着，开发者们可以在本地端直接对比隶属
于不同版本的文件之间的差别，可以在本地端查看过去有哪些人对指定文件做出了修改
与更新，等等。这就很好地体现了分布式开发的优势，尤其在当有人由于没有网络条件
但是又必须抓紧时间对项目进行修改与开发，同时又需要有版本控制系统来记录每次项
目开发过程时，这种优势尤为明显。Git 就满足了他所有的需求。

　　最后，Git 会使用 SHA-1 算法加密生成的 40 位字符串，而不是文件名来记录项目
中的所有数据。这样做有助于加快版本历史的索引速度。

A.2.2　安装与配置

　　由于 Git 是一个开源的、跨平台的版本控制系统，所以它可以被部署在各种操作系
统上。下面，我们将会分别介绍在 Windows、macOS 以及各种 UNIX/Linux 发行版上安
装并配置 Git 的具体步骤，具体情况如下。

- 在 Windows/macOS 下，我们需要做的就是去 Git 的官方网站下载相应的二进制
安装包（见图 A-1），然后在本地打开其图形化向导进行安装，初学者只需要一
直选择默认选项即可。需要注意的是，如果我们之前在 macOS 中已经安装了

XCode 这个集成开发环境，那么该开发环境就已经替我们安装好了 Git，无须另行安装。

图 A-1　Git 的下载页面

- 在以 UNIX/Linux 为内核的操作系统中，我们需要根据自己所在的 UNIX/Linux 发行版来执行相应的包管理器命令进行安装，常见包管理器命令如下。

```
# Debian/ubuntu
apt-get install git

# Fedora
yum installgit(up to Fedora 21)
dnf installgit(Fedora 22 and later)

# Arch Linux
pacman -S git

# openSUSE
zypper install git

# FreeBSD
pkg install git

# Solaris 9/10/11 (OpenCSW)
```

```
    pkgutil -i git

    # Solaris 11 Express
    pkg install developer/versioning/git

    # OpenBSD
    pkg_add git
```

　　在安装完成之后，我们需要对 Git 进行一些基本配置。由于 Git 的配置命令在各种操作系统中的使用方式大同小异，所以为了减少重复劳动，这里特别用 Python 写了一个自动化配置脚本，以供读者参考。

```python
#! /usr/bin/env python

import os
import sys
import platform

title = "=    Starting " + sys.argv[0] + "......    ="
n = len(title)
print(n*'=')
print(title)
print(n*'=')

cmds = [
    "git config --global user.name 'owlman'" ,
    "git config --global user.email '***********@gmail.com'",
    "git config --global push.default simple",
    "git config --global color.ui true",
    "git config --global core.quotepath false",
    "git config --global core.editor vim",
    "git config --global i18n.logOutputEncoding utf-8",
    "git config --global i18n.commitEncoding utf-8",
    "git config --global color.diff auto",
    "git config --global color.status auto",
    "git config --global color.branch auto",
    "git config --global color.interactive auto"
]

if platform.system() == "Windows":
    cmds.append("git config --global core.autocrlf true")
else:
    cmds.append("git config --global core.autocrlf input")

for cmd in cmds:
```

```
    print(cmd)
    os.system(cmd)

print(n*'=')
print("=      Done!" + (n-len("=      Done!")-1)*' ' + "=")
print(n*'=')
```

最后，我们可以通过在终端环境中执行 git --version 命令来验证安装结果，如果看到与其相关的版本信息则表示安装成功。接下来，我们可以学习一些基本操作了。

A.3 单人项目管理

在学习基本操作之前，我们需要先来研究一下 Git 的基本工作流程。首先需要熟悉的一件事是，受 Git 维护的项目文件主要存在着以下 3 种记录状态。

- 已修改（modified）：该状态表示文件已经被修改，但尚未被记录为下一次要提交的版本。
- 已暂存（staged）：该状态表示文件已被记录为下一次要提交的版本，但尚未被提交到本地仓库中。
- 已提交（committed）：该状态表示文件已经被记录为一个版本，并被提交到了本地仓库中。

这 3 种文件记录状态会致使每个由 Git 维护的项目在文件结构上被分成以下 3 个组成部分。

- 工作区域：该部分主要用于存放项目中处于已修改状态的文件。
- 暂存区域：该部分主要用于存放项目中处于已暂存状态的文件。
- 本地仓库：该部分主要用于存放项目中处于已提交状态的文件。

总而言之，在一个由 Git 维护的项目中，如果本地仓库中保存着特定版本文件，就属于已提交状态。如果做了修改并已放入暂存区域，就属于已暂存状态。如果自上次检出操作之后，做了修改但还没有放到暂存区域，就属于已修改状态。接下来，我们将通过模拟实际的项目维护来介绍如何完成上述工作流程。

A.3.1 项目设置

首先要做的是将要维护的项目纳入到 Git 中，并建立本地仓库，其操作步骤如下。

- 假设计算机上现在已经有了一个需要使用 Git 来维护的项目。在这里，它位于名为 demo_repo 的目录中，它的初始结构如下。

```
demo_repo
├── debug
├── release
├── src
│   ├── main.c
│   ├── test.c
│   └── test.h
├── Makefile
└── README.md
```

- 执行以下命令将 demo_repo 目录初始化为一个由 Git 维护的项目。

```
$ cd demo_repo
$ git init
```

如果一切顺利，demo_repo 目录下就会多出一个叫作 git 的目录，该目录下会有个 config 文件，它的内容如下。

```
[core]
    repositoryformatversion = 0
    filemode = false
    bare = false
    logallrefupdates = true
    ignorecase = true
```

- 在 config 文件中配置自己在团队中的用户信息。

```
[user]
    name = <你使用的用户名>
    email = <你的电子邮件地址>
```

在这里，用户信息也完全可以用终端来配置，只需要在执行 git init 命令之前执行如下命令即可。

```
$ git config --local user.name "<你使用的用户名>"
$ git config --local user.email "<你的电子邮件地址>"
```

当然，如果之前使用 git config -global 命令配置过全局的用户信息，这里也可以选择不配置用户信息，Git 在默认情况下会直接使用用户配置的全局信息。

A.3.2 文件管理

首先，我们需要用 git status 命令来查看 demo_repo 项目中的各种文件当前在 Git 中的记录状态（在使用 Git 的过程中，该命令将会被反复使用）。

```
On branch master

No commits yet
```

```
Untracked files:
  (use "git add <file>..." to include in what will be committed)
    Makefile
    README.md
    src/
```

```
nothing added to commit but untracked files present (use "git add" to track)
```

如你所见，git status 命令输出了当前项目在 Git 中的当前状态和接下来可执行的操作建议。这些信息主要由两部分组成。

- 前 4 行为第一部分，这部分信息告诉我们当前所处的项目分支，默认情况下是 master 分支，也就是项目的主分支。并且该项目在 master 分支下尚未提交任何版本。
- 第五行之后为第二部分。这部分信息列出了当前项目中尚未被纳入 Git 的文件，并且告诉我们可以使用 git add 命令将指定的文件纳入到 Git 的追踪列表中。

所以，下一个要执行的操作就是使用 git add 命令来添加 Git 要追踪的文件。在这里，我们可以选择先添加单一文件来观察一下文件状态的变化。在 Git 中，我们可以通过 git add <文件名>这种形式的命令将指定名称的文件添加到 Git 的追踪列表中。例如，我们想先将 README.md 这个项目自述文件纳入 Git，只需要在 demo_repo 项目的根目录下执行 git add README.md 命令即可。然后，如果我们再执行 git status 命令，就会看到如下输出。

```
On branch master

No commits yet

Changes to be committed:
  (use "git rm --cached <file>...
" to unstage)
    new file:   README.md

Untracked files:
  (use "git add <file>..." to include in what will be committed)
    Makefile
    src/
```

如你所见，现在 git status 命令输出信息的第二部分也变成了两个部分。第五行到第七行为第一部分，这部分信息输出的是已被 Git 追踪的文件，第八行之后为第二部分，这部分信息输出的依然是尚未被追踪的文件。这意味着，README.md 文件已被 Git 监控，如果我们现在对该文件做一些修改，并再次在 demo_repo 项目的根目录下执行 git status 命令，其输出的第二部分信息中还会增加被修改了的文件，具体如下。

```
On branch master

No commits yet

Changes to be committed:
  (use "git rm --cached <file>...
" to unstage)
    new file:   README.md

Changes not staged for commit:
  (use "git add <file>...
" to update what will be committed)
  (use "git restore <file>...
" to discard changes in working directory)
    modified:   README.md

Untracked files:
  (use "git add <file>..." to include in what will be committed)
    Makefile
    src/
```

　　需要注意的是，现在的项目中存在着两份 README.md 文件，一份是修改之前已经通过 git add 命令加入到暂存区域中的，另一份是在执行了 git add 命令之后被修改了的。接下来，我们可以根据 git status 命令给出的建议执行以下可能的操作。

- 如果想撤销在执行了 git add 命令之后对 README.md 文件进行的修改，可以在 demo_repo 项目的根目录下执行 git restore README.md 命令。
- 如果想将这次修改也更新到暂存区域，可以在 demo_repo 项目的根目录下再次执行 git add README.md 命令。
- 如果想撤销上一次执行 git add 命令将文件添加到暂存区域的操作，可以在 demo_repo 项目的根目录下执行 git rm -cached README.md 命令。

　　另外，如果我们想将某一目录下的所有文件一次性地添加到 Git 的追踪列表中，也可以使用 git add <目录名>这个形式的命令来实现。例如，如果想将 demo_repo 项目中的所有文件添加到 Git 的追踪列表，就可以在该项目的根目录下执行 git add . 命令（这里的 . 代表的是当前目录）。如果这时候，我们再次执行 git status 命令，就会看到如下输出。

```
On branch master

No commits yet
```

```
Changes to be committed:
  (use "git rm --cached <file>..." to unstage)
    new file:    Makefile
    new file:    README.md
    new file:    src/main.c
    new file:    src/test.c
    new file:    src/test.h
```

当然，对于 demo_repo 项目来说，其 debug 目录中通常只存放一些本地开发过程中使用到的调试信息，理应被 Git 无视。要想解决这个问题，我们可以在项目的根目录下创建一个名为.gitignore 的特殊文件，然后把要忽略文件或目录的名称填进去。这样一来，Git 就会自动忽略这些文件或目录。

在.gitignore 文件中，每一行的文本都指定了一条忽略规则，忽略规则的语法如下。

- .gitignore 文件中的空格符不参与忽略规则的模式匹配。
- 以符号#开头的文本代表注释信息，不参与忽略规则的模式匹配。
- 以符号/开头的文本用于匹配目录及其路径的模式。
- 以符号!开头的文本用于定义反向匹配的忽略规则。[1]
- 规则模式文本中的符号**用于匹配多级目录。
- 规则模式文本中的符号?用于匹配单个字符。
- 规则模式文本中的符号*用于匹配 0 个或多个字符。
- 规则模式文本中的符号[]用于匹配单个字符列表。

需要注意的是，.gitignore 文件中定义的忽略规则只能忽略那些还没有被添加到 Git 追踪列表中的文件，如果目标文件或目录已经被纳入到了 Git 中，再去为它修改.gitignore 文件中的规则是无效的。有效的解决方法是先将所有文件都移出 Git 的追踪列表，然后在定义忽略规则之后再重新添加它们，具体操作如下。

```
$ git rm -r --cached .
$ echo "debug/" >> .gitignore
$ git add .
```

这样一来，当我们再想通过 git add debug/test.log 命令将 debug 目录下的文件添加到 Git，就会遭到 Git 的拒绝，并输出以下信息告知我们这个文件被.gitignore 文件中定义的忽略规则忽略了。

```
The following paths are ignored by one of your .gitignore files:
debug
Use -f if you really want to add them.
```

---

[1] 主要用于一些被其他规则忽略的目标。

当然，如果我们确实想添加该文件，也可以使用 git add 命令的-f 参数将其强制添加到 Git 的追踪列表中，具体操作如下。

```
$ git add -f debug/test.log
```

如果我们需要找出指定文件是被哪个规则忽略了，也可以使用 git check-ignore <文件名>命令来检查，像下面这样。

```
$ git check-ignore -v debug/test.log
.gitignore:1:debug/   gitcheck-ignore -v debug/test.log
```

如你所见，Git 会告诉我们是.gitignore 文件中的第一行忽略规则忽略了该文件。另外需要说明的是，Git 检查忽略规则的时候可以依据多个来源，它的优先级顺序如下（由高到低）。

- 从终端中读取可用的忽略规则。
- 当前目录定义的忽略规则。
- 父级目录定义的忽略规则，依次递推。
- $ GIT _DIR/info/exclude 文件中定义的忽略规则。
- core.excludesfile 中定义的全局规则。

另外在使用 Git 维护项目的过程中，如果需要修改已经被纳入到 Git 的追踪列表中的文件，务必要记得不要直接使用 mv、rm 这样的 UNIX shell 命令来进行普通的文件操作。在 Git 中，对于文件的位置移动和重命名操作，我们应该使用 git mv 命令，例如像下面这样。

```
$ git mv README.md README.txt
$ git status
On branch master
Changes to be committed:
  (use "git restore --staged <file>..." to unstage)
    renamed:    README.md -> README.txt
```

同理，对于文件的删除操作，我们也应该使用 git rm 命令，例如下面这样。

```
$ git rm README.txt
rm 'README.txt'
$ git status
On branch master
Changes to be committed:
  (use "git restore --staged <file>..." to unstage)
    deleted:    README.txt
$ echo "hello, demo_repo" > README.md
```

A.3.3　版本管理

在确定了要提交为一个版本的所有文件之后，我们接下来就可以通过 git commit 命令将 demo_repo 项目的当前版本提交了。当然，如果我们不带任何参数地执行 git commit 命令，终端环境将会进入一个纯文本编辑器中，让我们编写此次提交的标注信息。至于在这里具体使用什么文本编辑器，则取决于我们对 Git 的配置，例如通过 git config --global core.editor vim 命令可以将默认编辑器设置为 Vim。

在通常情况下，我们只需要在以"#"开头的注释中输入一些标注文本，用于解释此次提交的意图，这样做主要是为了方便项目团队中的其他协作者理解我们的操作。如果要标注的内容足够简单，我们也可以通过 git commit 命令的-m 参数来直接输入标注内容，以简化操作流程，像下面这样。

```
$ git commit -m "Initial commit."
[master (root-commit) ae3a746] Initial commit.
 5 files changed, 31 insertions(+)
 create mode 100644 Makefile
 create mode 100644 README.md
 create mode 100644 src/main.c
 create mode 100644 src/test.c
 create mode 100644 src/test.h
```

这样一来，我们就成功提交了 demo_repo 项目的第一个版本。如果再次修改项目中的文件，例如在 main.c 文件中添加一些代码，并执行 git status 命令时，就会得到如下输出。

```
On branch master
Changes not staged for commit:
  (use "git add <file>...
" to update what will be committed)
  (use "git restore <file>...
" to discard changes in working directory)
    modified:   src/main.c

Untracked files:
  (use "git add <file>..." to include in what will be committed)
    .gitignore

no changes added to commit (use "git add" and/or "git commit -a")
```

如你所见，git status 命令会告诉我们 demo_repo 项目中的 src/main.c 文件被修改过了。如果想要提交新的修改，需要再次使用 git add 命令添加该文件，或者直接使用 git commit 命令的-a 参数跳过重新添加文件的步骤，将其合并到提交动作中去，像下面这样。

```
$ git commit -a -m "second commit."
[master 821a0f4] second commit.
 1 file changed, 6 insertions(+)
```

这时候，如果我们意外删除了某个文件，就可以到 demo_repo 项目的上一个版本中将其恢复，这只需要简单地执行 git checkout <文件名>命令来实现，像下面这样。

```
$ rm -f src/main.c && ls src
test.c  test.h
$ git checkout src/main.c
Updated 1 path from the index
```

另外，在类 UNIX 系统中，几乎都会有一个叫作 diff 的、小巧便捷的文件比对工具。Git 中也有这么一个功能类似的 git diff 命令，可以用来详细比较指定文件在被修改并等待提交时与上一次提交的版本有什么不同。例如，我们可以在 src/main.c 文件中再添加一些代码，然后在 demo_repo 项目的根目录下执行 git diff 命令，就能看到如下输出。

```
$ git diff
diff --git a/src/main.c b/src/main.c
index 431ff37..c0cc3f6 100644
--- a/src/main.c
+++ b/src/main.c
@@ -1,6 +1,6 @@
 #include <stdio.h>

-int main() {
+int main(int argc, char *argv[]) {
    printf("Hello World!");
    return 0;
 }
```

如你所见，通过 git diff 命令的输出，我们可以很清楚地看到相较于上一次提交的版本，这次对 src/main.c 文件的修改是为 main()函数添加了形参。

正如之前所提到的，版本控制系统的作用是从时间的维度上对项目进行维护，所以学习它必须要掌握它的版本管理机制。而对于 Git 的版本管理操作，我们可以先通过 git log 命令来查看一下 demo_repo 项目的提交历史，执行该命令会输出如下信息。

```
commit a172c0430ec1a606ea6f28ea87f9789a0f540c6e
Author: owlman <jie.owl2008@gmail.com>
Date:   Mon Dec 27 16:08:39 2021 +0800
```

```
    test commit.

commit cb003345a88fe32d32c356263e966c1b55e44a6e
Author: owlman <jie.owl2008@gmail.com>
Date:    Sun Dec 26 17:17:26 2021 +0800

    third commit.

commit 821a0f44b3c1b6b2768976a1704755d5dff47ee9
Author: owlman <jie.owl2008@gmail.com>
Date:    Sun Dec 26 16:36:23 2021 +0800

    second commit.

commit ae3a7460be6c61364997536c184840b43780b256
Author: owlman <jie.owl2008@gmail.com>
Date:    Sun Dec 26 15:55:28 2021 +0800

    Initial commit.
```

　　从上面的输出中，我们可以清楚地看到 demo_repo 项目到目前为止历次提交版本的详细信息，包括其用作唯一标识的哈希值、提交者信息、提交的时间与标注信息等。接下来，如果我们想将项目恢复到之前的某个版本，就可以使用 git reset <版本的哈希值>命令来实现。在这里，<版本的哈希值>通常只需要整个哈希值的前 5 位，例如，如果我们想将 demo_repo 项目恢复到标注信息为 "third commit." 的版本，就只需要在该项目的根目录下执行 git reset cb003 命令，命令序列如下。

```
$ git reset cb003
Unstaged changes after reset:
M    src/main.c
$ git log
commit cb003345a88fe32d32c356263e966c1b55e44a6e
Author: owlman <jie.owl2008@gmail.com>
Date:    Sun Dec 26 17:17:26 2021 +0800

    third commit.

commit 821a0f44b3c1b6b2768976a1704755d5dff47ee9
Author: owlman <jie.owl2008@gmail.com>
Date:    Sun Dec 26 16:36:23 2021 +0800

    second commit.
```

```
commit ae3a7460be6c61364997536c184840b43780b256
Author: owlman <jie.owl2008@gmail.com>
Date:   Sun Dec 26 15:55:28 2021 +0800

    Initial commit.
```

A.3.4　分支管理

即使是在单人项目的开发过程中，我们也有可能会遇到需要在主要的开发任务之外执行一些支线任务的情况。例如，如果我们不能确定某个不在计划内的解决方案对项目的实际影响，这时候最好的选择就是从项目的当前主任务时间线上开辟一条平行的时间线，用它来启动一个不干扰主任务的支线任务。这样一来，主任务还可以按照原计划进行下去，而支线任务就可专注于试验这个计划外的解决方案，看看它是否能更好地解决问题。如果试验成功，就可以选择将其转正为主任务，或者有选择地将其部分成果合并到主任务中。在版本控制系统中，类似这样的开发时间线的管理是通过一种被叫作分支管理的操作来实现的。

在 Git 中，分支管理是通过 git branch 命令来实现的。分支管理的第一步是通过在 demo_repo 项目的根目录下执行 git branch 命令来查看该项目中现有的分支情况。

```
$ git branch
* master
```

从上述输出中可以清楚地看到，项目中目前只存在一个名为 master 的分支，该分支也是所有项目在被纳入 Git 时所在的默认主分支。在这里，分支名称前面带有的符号 *代表当前所在的分支。接下来，我们可以通过在 demo_repo 项目的根目录下继续执行 git branch test 命令来为其添加一个名为 test 的新分支，然后再次执行 git branch 命令查看一下分支的变化。

```
$ git branch test
$ git branch
* master
  test
```

从上述输出中可以看到，现在项目中有了 master 和 test 两个分支，而我们当前位于 master 分支上。接下来，我们可以通过 git checkout <分支名>命令来进行分支切换操作。例如，如果现在想将当前项目的开发时间线切换到 test 分支上，就可以像下面这样做。

```
$ git checkout test
M  README.md
```

```
Switched to branch 'test'
$ git branch
  master
* test
```

当然，如果嫌麻烦，我们也可以使用 `git checkout -b <新分支名>`命令一步到位地在创建一个新分支的同时切换到该分支上。例如，我们可以通过以下操作继续在当前项目中创建一个名为 new 的分支，并同时切换到该分支上。

```
$ git checkout -b new
Switched to a new branch 'new'
$ git branch
  master
* new
  test
```

现在我们就可以在 test 分支或 new 分支上试验计划外的解决方案了，一旦发现试验结果证明该解决方案不可行，就只需要删除这个分支即可，该分支上发生的所有事都不会影响到 master 分支。如果要删除某个指定的分支，我们可以通过 `git branch -d <分支名>`命令来实现，例如我们可以像下面这样试着在项目中删除 new 分支。

```
$ git checkout master
M  README.md
$ git branch -d new
Deleted branch new (was 63c0da1).
$ git branch
* master
  test
```

需要注意的是，我们不能删除当前所在的分支，所以上述操作需要先切换到 master 分支上。那么接下来的问题是：如果分支上的试验结果证明了新解决方案可以改善项目的原计划方案，又该怎么办呢？这时候就需要对这个新的解决方案进行评估，我们大致上会遇到以下两种情况。

- 第一种情况是：试验结果表明新解决方案只能对原计划方案进行局部的加强和补充。这时候可以选择将在试验分支上提交的版本合并到主分支上来，以便整合两条时间线上开发的成果。在 Git 中，分支合并操作是通过 `git merge <分支名>`来实现的。例如在 demo_repo 项目中，假设我们现在已经分别在 master 和 test 分支上做了一次提交，现在将 test 分支合并到 master 分支上，其命令序列如下。

  ```
  $ git checkout master
  Switched to branch 'master'
  ```

```
$ git merge test
Merge made by the 'recursive' strategy
 .
  .gitignore | 1 +
  1 file changed, 1 insertion(+)
  create mode 100644 .gitignore
```

在这里，我们可以通过 `git log --graph --oneline` 命令来查看上述两个分支的关系发展。

```
*   | 7b0f717 Merge branch 'test'
|\ |
| * 03e7e0e tester commit
* | 8aab52b master commit
|/
* 9d6700b test commit.
* cb00334 third commit.
* 821a0f4 second commit.
* ae3a746 Initial commit.
```

需要注意的是，如果 Git 在合并分支的过程中发现两个分支上的提交各自对同一个文件中的同一行内容做了修改，这时候 `git merge` 命令就会报告合并存在冲突，并且把两个分支上的修改并陈在该文件中。例如，接下来我们可以分别在 `master` 和 `test` 分支上做一次修改 `test.txt` 文件的提交，然后进行一次同样的合并操作，其命令序列如下。

```
$ echo "master" > test.txt
$ git add .
$ git commit -m "master commit"
[master c7a7542] master commit
  1 file changed, 1 insertion(+)
  create mode 100644 test.txt
$ git checkout test
Switched to branch 'test'
$ echo "tester" > test.txt
$ git add .
$ git commit -a -m "tester commit"
[test 920aa87] tester commit
  1 file changed, 1 insertion(+), 1 deletion(-)
$ git checkout master
Switched to branch 'master'
$ git merge test
Auto-merging test.txt
CONFLICT (content): Merge conflict in test.txt
Automatic merge failed; fix conflicts and then commit the result.
```

```
$ cat test.txt
<<<<<<< HEAD
master
=======
tester
>>>>>>> test
```

如你所见，现在 master 分支上的 test.txt 文件中已经并陈了两个分支对它的修改。其中 HEAD 指向的是当前分支，即 master 分支，我们可以看到它添加在文件第一行的内容是"master"。而 test 分支对同一行所做的修改是"tester"，这就在分支合并时产生了冲突。接下来，我们要做的就是在 master 分支上重新编辑一下 test.txt 文件，处理好被标记为冲突的文本即可，具体来说就是：先删除冲突标记，并将其整合成统一的内容，然后重新提交该文件。

● 第二种情况是：试验结果表明新解决方案可以全面取代原计划方案。这时候就只需要直接切换到新解决方案所在的分支，然后将其作为主分支继续开发。当然，规范起见，我们也可以通过 git branch -m <旧分支名> <新分支名> 命令来进行一系列重命名工作。例如，我们可以将原本的 master 分支重命名为 old，而将 test 分支重命名为 master，以便从命名规范上确认其为主分支，其命令序列如下。

```
$ git branch
* master
  test
$ git branch -m master old
$ git branch -m test master
$ git checkout master
Switched to branch 'master'
$ git branch
* master
  old
```

A.3.5　标签管理

当项目进展到一定程度时，我们终归会迎来一个可被视为"里程碑"的版本。这个"里程碑"既可以是一个我们自己需要特别记录的版本，也可以是一个待发行的版本。这时候就需要用到 git tag <版本标识>命令为这个版本打上一个标签，以便在日后的项目维护中快速定位到它。例如，现在我们想发布 demo_repo 项目的第一个版本，就可以在项目根目录下执行 git tag "v1.0"命令，为其打上一个标签，命令序列如下。

```
$ git tag "v1.0"
$ git tag
```

```
v0.1
v0.2
v1.0
```

　　如你所见，在打完标签之后，我们只需要直接执行 git tag 命令就可以列出当前项目中已经存在的标签。接下来，我们还可以在标签过多时使用 git tag 命令的-l 参数进行关键字查找，或者使用 git show <标签>命令查看指定标签所在版本的具体信息，像下面这样。

```
$ git tag -l "v1.*"
v1.0
$ git show v1.0
commit 3bef2a0d3a0a6e6f1387bd52b6e72a52fb567faa
Merge: c7a7542 920aa87
Author: owlman <jie.owl2008@gmail.com>
Date:   Sun Jan 2 14:37:08 2022 +0800

    master commit

diff --cc test.txt
index 1f7391f,05fb88f..b974844
--- a/test.txt
+++ b/test.txt
@@@ -1,1 -1,1 +1,5 @@@
++<<<<<<< HEAD
 +master
++=======
+ tester
++>>>>>>> test
```

　　现在，我们就可以在必要的时候使用 git reset <版本的哈希值>命令来将项目恢复到某个指定的版本了。另外，如果我们觉得某个标签已经不再被需要了，也可以使用 git tag 命令的-d 参数将其删除。例如现在如果想删除 v1.0 这个标签，其命令序列如下。

```
$ git tag
v0.1
v0.2
v1.0
$ git tag -d v1.0
Deleted tag 'v1.0' (was 3bef2a0)
$ git tag
v0.1
v0.2
```

在项目完成了某个"里程碑"任务之后，我们就可以将自己的劳动成果发布到项目团队的共享版本仓库中，以便进行同行协作与审评了。也正因为如此，我们接下来对 Git 的学习要进入团队项目协作的阶段。

A.4　团队项目协作

如果我们想要利用 Git 来参与任何一个项目的团队协作，就必须要先了解其远程仓库的操作方法。在这里，远程仓库是指托管在网络上的项目仓库。但同一个项目通常可以有多个远程仓库，所以在同他人协作开发某个项目时，我们需要管理这些远程仓库，以便在团队协作过程中推送自己的劳动成果，拉取团队中其他成员提交的代码，分享各自的工作进展。接下来，我们就来研究 Git 在这些方面的使用方式。

A.4.1　配置 SSH 客户端

由于 Git 在绝大多数情况下是推荐使用 SSH 协议来进行网络通信的，所以在学习远程仓库的基本操作之前，我们通常需要先安装 SSH 客户端（这里推荐使用 OpenSSH Client），并在本地生成一个 SSH 密钥。其具体步骤如下。

- 在系统用户目录[1]下查看是否已经存在一个名为 .ssh 的目录（请注意，这是一个隐藏目录），该目录下通常会存有 id_rsa 和 id_rsa.pub 这两个文件。如果没有，就需要生成新的密钥，其命令序列如下。

```
$ ssh-keygen -t rsa -C "<你的电子邮件地址>"
Enter file in which to save the key (~/.ssh/id_rsa):
Enter passphrase (empty for no passphrase):<设定一个密钥>
Enter same passphrase again:<重复一遍密钥>
Your identification has been saved in ~/.ssh/id_rsa.
Your public key has been saved in ~/.ssh/id_rsa.pub.
The key fingerprint is:
    e8:ae:60:8f:38:c2:98:1d:6d:84:60:8c:9e:dd:47:81 <你的电子邮件地址>
```

- 将 id_rsa.pub 文件中的公钥通报给我们所需要提交的 Git 服务端（这里以 GitHub 为例，其他服务器的方式请参考相关的文档说明）。具体操作步骤是：先打开 GitHub 的设置页面，然后进入其 SSH and GPG keys 页面中，并单击 "newSSHkey" 按钮，最后将 id_rsa.pub 文件中的内容以纯文本字符串的形式填写到图 A-2 所示的表单中。

---

[1] 在 Windows 7 之前的 Windows 系统中，用户目录通常是指 C:\Documents and Settings\<你的用户名>目录，而在 Windows 7 及其之后的 Windows 系统中，就变更成了 C:\Users\<你的用户名>目录。除此之外，macOS 和其他以 UNIX / Linux 为内核的操作系统中的用户目录通常都是指/home/<你的用户名>目录。

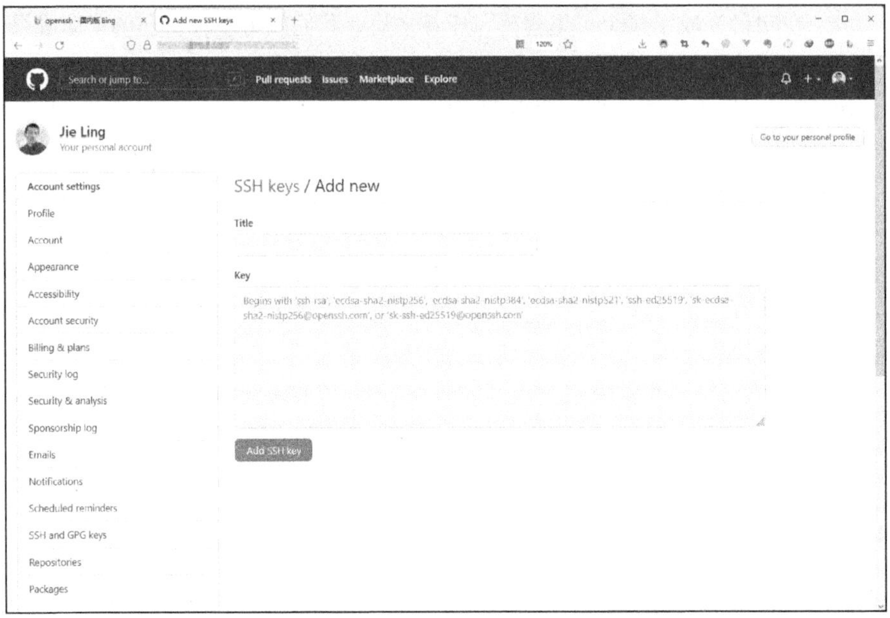

图 A-2　在 GitHub 中配置 SSH 公钥

● 接下来，我们可以在终端环境中执行以下命令来测试客户端的配置是否成功。

```
$ ssh -T git@github.com
Hi <你的用户名> You've successfully authenticated, but GitHub does not provide
shell access.
```

如果在终端环境的输出中看到了类似上面这样的欢迎信息，说明我们面向 GitHub 的 SSH 客户端配置大功告成了。

A.4.2　管理远程仓库

为了方便接下来的模拟操作，作者先行在自己的 GitHub 中创建了一个名为 `git_demo_repo` 的远程仓库，详情如图 A-3 所示。

然后，作为参与团队项目协作的第一步，我们需要将本地仓库与远程仓库关联起来。

1. 关联远程仓库。

在 Git 中，在项目中添加关联远程仓库的操作是通过 `git remote add <远程仓库标识> <远程仓库 URL>` 命令来实现的。在这里，远程仓库标识可以是任意我们喜欢的名称，而 URL 则必须是我们之前在 GitHub 中创建的原创仓库的 URL。例如在之前的 `demo_repo` 项目中，我们可以执行以下命令将其关联到创建好的 `git_demo_repo` 远程仓库上。

```
$ git remote add github git@github.com:owlman/git_demo_repo.git
$ git remote
github
```

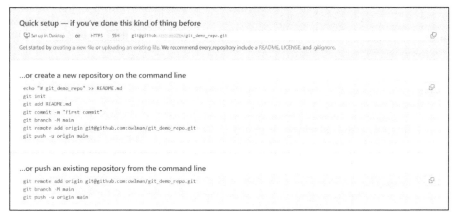

图 A-3　在 GitHub 中创建远程仓库

如你所见，在成功添加了项目所关联的远程仓库之后，如果想要查看当前项目关联了哪些远程仓库，就可以执行 git remote 命令，会列出当前项目所关联的远程仓库标识。另外在执行 git remote 命令时，我们也可以利用它的-v 参数同时列出每个远程仓库的 URL，像下面这样。

```
$ git remote -v
github   git@github.com:owlman/git_demo_repo.git (fetch)
github   git@github.com:owlman/git_demo_repo.git (push)
# 关于 fetch 和 push 的区别，我们稍后再做说明
```

当然，如果当前项目关联了多个远程仓库，执行 git remote 命令可将其全部列出，例如下面这样：

```
$ git remote -v
github   git@github.com:owlman/git_demo_repo.git (fetch)
github   git@github.com:owlman/git_demo_repo.git (push)
gitee    git@gitee.com:owlman/git_demo_repo.git (fetch)
gitee    git@gitee.com:owlman/git_demo_repo.git (push)
```

如果是参与团队协作的新成员，则就需要先执行 git clone <远程仓库 URL>命令将项目复制到本地。在项目复制完成之后，就可以在项目的根目录下通过 git remote 命令看到一个名为 origin 的远程仓库，Git 在默认情况下会使用这个标识来识别复制到本地的远程仓库。

```
$ git clone git@github.com:owlman/git_demo_repo.git
Initialized emptyGitrepository in /home/owlman/tmp/git_demo_repo/.git/
```

```
remote: Counting objects: 595, done.
remote: Compressing objects: 100% (269/269), done.
remote: Total 595 (delta 255), reused 589 (delta 253)Receiving objects: 100% (595/595),
73.31 KiB | 1 KiB/s, done.
Resolving deltas: 100% (255/255), done.
$ cd git_demo_repo
$ git remote
origin
```

2. 查看远程仓库。

接下来，我们可以通过 git remote show <远程仓库标识>命令来查看某个指定远程仓库的具体信息。例如在之前的 demo_repo 项目中，如果我们想查看 github 远程仓库的信息，就可以像下面这样做。

```
$ git remote show github
* remote github
  Fetch URL: git@github.com:owlman/git_demo_repo.git
  Push  URL: git@github.com:owlman/git_demo_repo.git
  HEAD branch: master
  Remote branch:
    master tracked
  Local ref configured for 'git push':
    master pushes to master (up to date)
```

如你所见，除了远程仓库的 URL 外，git remote show 命令还输出了许多额外的信息。信息首先告诉了我们远程仓库当前所在的分支，然后告诉了我们所有处于跟踪状态中的远端分支，最后还提示了我们在执行 git push 命令推送本地分支数据时的默认远程分支。当然，在实际的项目维护过程中，git remote show 命令输出的信息会随着本地仓库和远程仓库中的数据而发生变化，我们稍后会在具体演示项目维护操作时呈现这些变化。

3. 删除和重命名。

在 Git 中，我们还可以通过 git remote rename <旧标识> <新标识>命令来修改某个远程仓库标识。例如，如果我们不想使用在复制项目时自动产生的远程仓库标识，就可以通过执行下面的操作将其设为 github。

```
$ git remote
origin
gitee
$ git remote rename origin github
$ git remote
```

```
github
gitee
```

需要注意的是，在改变了远程仓库标识之后，执行数据同步操作时所对应的分支名称也会发生变化。例如在执行了上述重命名操作之后，原来要推送数据的默认远程分支就变成了 github/master。

另外，在遇到远端仓库所在的服务器迁移、原来的复制镜像不再使用，或者某个参与者不再贡献代码等情况时，我们就需要删除一些与当前项目关联的远程仓库，这个任务可以通过执行 git remote rm <远程仓库标识>命令来实现。例如在之前的 demo_repo 项目中，如果我们想删除标识为 gitee 的远程仓库，就可以像下面这样做。

```
$ git remote
github
gitee
$ git remote rm gitee
$ git remote
github
```

A.4.3　同步项目数据

接下来，我们就可以将本地仓库中的数据推送（push）到远程仓库了。在 Git 中，将本地仓库中的数据推送到远程仓库的操作是通过 git push <远程仓库标识> <本地分支>:<远程分支>命令来实现的。例如在之前的 demo_repo 项目中，如果我们想要将本地仓库的 master 分支中的数据推送到标识为 github 的远程仓库的 master 分支中，就可以在项目根目录下执行 git push github master:master 命令，具体如下。

```
$ git push github master:master
Enumerating objects: 11, done.
Counting objects: 100% (10/10), done.
Delta compression using up to 16 threads
Compressing objects: 100% (6/6), done.
Writing objects: 100% (6/6), 613 bytes | 43.00 KiB/s, done.
Total 6 (delta 1), reused 0 (delta 0)
remote: Resolving deltas: 100% (1/1), completed with 1 local object.
To github.com:owlman/git_demo_repo.git
```

另外，在本地分支与远程分支同名的情况下，我们通常是可以省略本地分支的指定，采用 git push github master 这个简写形式的命令的。而且，如果本地分支要推送的原创分支是固定的，我们也可以选择先使用 git branch --set-upstream-to= github/master master 命令将它们绑定，然后在需要这些推送操作时执行 git push 这个更为简单的命令，其具体操作演示如下。

```
$ git branch --set-upstream-to=github/master master
Branch 'master' set up to track remote branch 'master' from 'github'.
$ echo "tester" > test.txt
$ git add test.txt
$ git commit -m "add test.txt"
[master 6d888be] add test.txt
 1 file changed, 1 insertion(+)
 create mode 100644 test.txt
$ git push
Enumerating objects: 4, done.
Counting objects: 100% (4/4), done.
Delta compression using up to 16 threads
Compressing objects: 100% (2/2), done.
Writing objects: 100% (3/3), 274 bytes | 274.00 KiB/s, done.
Total 3 (delta 1), reused 0 (delta 0)
remote: Resolving deltas: 100% (1/1), completed with 1 local object.
To github.com:owlman/git_demo_repo.git
   4fdf5b9..6d888be  master -> master
```

　　需要注意的是，只有在拥有远程仓库的写权限，或者同一时刻没有其他人推送数据时，上述命令才能顺利完成数据的推送任务。如果在上述命令执行之前，已经有其他人推送了若干次提交，那它的推送操作就会被驳回。这时候，我们就必须先把其他人提交的数据获取到本地，将其与本地数据进行合并之后，形成新的提交，才可以再次执行推送命令。例如在 demo_repo 项目中，当我们执行了上述推送命令之后，团队中的其他成员再执行 git remote show github 命令时，就会得到如下输出。

```
* remote github
  Fetch URL: git@github.com:owlman/git_demo_repo.git
  Push  URL: git@github.com:owlman/git_demo_repo.git
  HEAD branch: master
  Remote branch:
    master new (next fetch will store in remotes/github)
  Local branch configured for 'git pull':
    master merges with remote master
```

　　如你所见，这回 git remote show 命令输出的后 4 行内容告诉我们：github 远程仓库的 master 分支中的数据已经发生了变化，并建议通过执行 git pull 命令来拉取该远程分支上的数据，并将其合并到本地仓库的 master 分支上。

　　在这里，git pull 命令实际上是抓取（fetch）和合并（merge）这两个动作的组合操作命令。如果我们只想抓取远程分支上的数据，只需要执行 git fetch <远程仓库标识> <远程分支>命令即可。例如在上述演示情景中，团队中的其他成员只需要执行以下操作，就可以将 github/master 这个远程分支中的数据抓取到本地仓库了。

```
$ git fetch github master
remote: Enumerating objects: 4, done.
remote: Counting objects: 100% (4/4), done.
remote: Compressing objects: 100% (1/1), done.
remote: Total 3 (delta 1), reused 3 (delta 1), pack-reused 0Unpacking objects: 100%
(3/3), 254 bytes | 6.00 KiB/s, done.
From github.com:owlman/git_demo_repo
 * branch              master      -> FETCH_HEAD
   4fdf5b9..6d888be   master      -> github/master
```

由于上述命令会到远程仓库的指定分支上将本地仓库中没有的数据抓取回来，所以现在 github/master 这个远程分支上的数据已经可以在本地仓库中访问了，其对应的分支名就是 github/master。接下来，我们就可以通过执行 git merge 命令将其中的数据合并到自己的 master 分支上了，命令序列如下。

```
$ git checkout master
Switched to branch 'master'
$ git merge github/master
Updating 4fdf5b9..6d888be
Fast-forward
 test.txt | 1 +
 1 file changed, 1 insertion(+)
 create mode 100644 test.txt
```

当然，在大多数情况下，我们只需要直接执行 git pull <远程仓库标识> <本地分支>:<远程分支>命令，使抓取和合并操作一步到位。例如对于之前在 demo_repo 项目中执行的抓取和合并操作，我们实际上只需要执行 git pull github master:master 这一条命令即可。同样地，如果本地分支与远程分支同名，我们在这里可以采用 git pull github master 这样的简写形式的命令。并且，如果之前已经使用 git branch --set-upstream-to=github/master master 命令将分支进行了绑定，我们也只需要执行 git pull 这个简单的命令即可执行拉取操作，其具体操作演示如下。

```
# 这里假设团队中有其他成员删除了远程仓库中的 test.txt 文件
$ git branch --set-upstream-to=github/master master
Branch 'master' set up to track remote branch 'master' from 'github'.
$ git pull
remote: Enumerating objects: 3, done.
remote: Counting objects: 100% (3/3), done.
remote: Compressing objects: 100% (1/1), done.
remote: Total 2 (delta 1), reused 2 (delta 1), pack-reused 0
Unpacking objects: 100% (2/2), 199 bytes | 8.00 KiB/s, done.
From github.com:owlman/git_demo_repo
```

```
    6d888be..
9464796  master      -> github/master
Updating 6d888be..9464796
Fast-forward
 test.txt | 1 -
 1 file changed, 1 deletion(-)
 delete mode 100644 test.txt
```

最后需要说明的是，在将远程分支上的数据合并到本地分支的过程中，也有可能会遇到报告合并冲突的情况。其处理方法与解决本地分支的合并冲突是一样的，只需要在引发冲突的文件中去除合并冲突产生的标记，然后将其修改成我们想要的内容，并重新提交。

附录 B　使用 Vagrant 搭建 K8s 服务器集群

通常情况下，我们在使用 VMware、VirtualBox 这一类虚拟机软件创建虚拟开发环境时，往往需要先寻找并下载、安装操作系统的镜像文件，然后根据该镜像文件启动的安装向导一步一步地安装与配置操作系统，最后还需要从零开始安装开发与运维工具。整个过程非常费时、费力，特别是在我们需要虚拟一个 K8s 服务器集群的情况下，工作量更是会随着集群中需要的服务器数量而成倍增加，这时候一款像 Vagrant 这样的自动化虚拟机管理工具就非常重要了。接下来，就让我们来介绍一下 Vagrant 这个工具，以及如何使用它来虚拟一个由 3 台服务器构成的 K8s 服务器集群。

B.1　Vagrant 的基本使用

正如之前所说，Vagrant 是一款专用于实现虚拟机自动化管理的软件工具，主要使用 Ruby 编写而成，以终端工具的形式存在于计算机中。在这里，需要特别强调的一件事是：Vagrant 是一款"管理"虚拟机的软件而非"创建"虚拟机的软件。也就是说，Vagrant 本身并不能用来创建虚拟机，它通常需要搭配 VMware、VirtualBox 这一类虚拟机软件来使用，以便共同完成虚拟开发环境的快速搭建与配置。当然，该工具允许人们通过编写一个名为 vagrantfile 的配置文件的方式来定义虚拟机的自动化构建与销毁的过程，并配置虚拟机与其宿主机间的文件共享、虚拟机网络环境等相关参数。除此之外，我们还可以通过编写一些让虚拟机在完成创建后，第一次被启动时要执行的自定义脚本，以便用于以批处理的方式实现一些开发与运维工具的自动化安装与配置，这也将大大地提高我们构建虚拟开发环境的效率。由于 Vagrant 还支持批量复制已创建的虚拟机，这意味着我们只需要执行一次操作，就可以同时拥有多个相同配置、安装了相同工具的虚拟机。

　　和学习大多数工具的过程一样，在正式介绍 Vagrant 的具体使用方式之前，我们也有必要先了解一下这款命令行终端工具的整体设计架构。因为只有这样，我们才能理解它的核心使用逻辑。

B.1.1　项目的组成架构

　　从整体设计上来说，一个交由 Vagrant 来管理的虚拟机项目通常由以下几大模块组合而成。

- **Boxes**：该模块指的是 Vagrant 用于创建虚拟开发环境时所需要使用的、扩展名为 .box 的镜像文件。需要注意的是，该镜像文件并不是我们之前使用传统方式创建虚拟机时的、用于安装操作系统的镜像文件，而是一个基于某个现有的虚拟机打包而成的快照文件。该镜像文件中除了包括基础数据的镜像外，还包括一些元数据文件，这些元数据用于指导 Vagrant 将系统的镜像文件正确地加载到对应的虚拟机当中。需要注意的是，这些镜像文件是严格依赖于 Providers 所指定的虚拟机软件的，也就是说，在 VMware 下使用的镜像文件是无法在 VirtualBox 上使用的，反之亦然。

- **Providers**：该模块指的是 Vagrant 用于创建虚拟开发环境时所需要使用的虚拟机软件，例如 VirtualBox、VMware、Hyper-V、KVM 等。在 Vagrant 的架构中，Providers 模块以服务的形式存在，它的作用是帮助 Vagrant 利用 Boxes 模块指定的镜像文件来创建虚拟开发环境。

- **Provisioners**：该模块指的是在 Vagrant 中完成虚拟开发环境的创建后，让虚拟机自动执行的自定义脚本。在 Vagrant 的架构中，我们通常会利用这些自定义的脚本来实现一些开发与运维工具（例如 Vim 编辑器及其插件、Node.js 运行平台、Docker 和 K8s 运维工具等）的自动化安装与配置。

- **Vagrant CLI**：该模块指的是 Vagrant 用于管理虚拟机的一系列命令，包括创建、启动、关闭、重启、挂起等虚拟机命令，也包括打包、注册等虚拟机镜像文件的命令。这些命令可以帮助我们更好地与 Providers 模块指定的虚拟机软件进行交互。

　　当然，在使用 Vagrant 管理虚拟机的过程中，我们需要在 vagrantfile 配置文件中定义与 Providers 和 Provisioners 这两个模块相关的参数，以及要使用的镜像文件。下面，我们就来重点介绍一下 vagrantfile 配置文件的具体写法。

B.1.2　编写项目配置文件

　　如前所述，Vagrant 虚拟机项目的配置文件名为 vagrantfile，该文件负责定义虚

拟机的创建参数、自动化执行的脚本、虚拟机与宿主机之间的共享目录及其通信网络等
关键信息。由于 Vagrant 主要是用 Ruby 开发而成的，所以 vagrantfile 文件中使用
的配置语言自然也采用了这门编程语言的语法，但这并不意味着我们必须先学会 Ruby
的全部语法才能使用 Vagrant。因为 Vagrant 对自己的配置语言进行了一定程度的重新定
义，其语法规则事实上比我们真正在编程活动中使用的 Ruby 语言的语法规则要简单不
少。对于任何一个有编程语言使用经验的人来说，通常只需要学习几个小时，就基本能
满足日常使用中的大部分需求了。下面，就让我们来实际体验一下快速掌握这套语法规
则的过程。

通常情况下，vagrantfile 文件都会被存放在 Vagrant 虚拟机项目的根目录下，
在实际使用中常常会借由 vagrant init 命令自动生成。例如，如果我们在计算机的
任意位置上创建了一个名为vagrant_demo的目录，那么我们只需要在PowerShell/bash
这样的终端环境中，进入 vagrant_demo 目录中并执行 vagrant init 命令，然后
就会在该目录下看到一个自动生成的 vagrantfile 文件，其主要内容如下。

```ruby
# -*- mode: ruby -*-
# vi: set ft=ruby :

# All Vagrant configuration is done below. The "2" in Vagrant.configure
# configures the configuration version (we support older styles for
# backwards compatibility). Please don't change it unless you know what
# you're doing.
Vagrant.configure("2") do |config|
  # The most common configuration options are documented and commented below.
  # For a complete reference, please see the online documentation at
  # https://

  # Every Vagrant development environment requires a box. You can search for
  # boxes at https://
  config.vm.box = "base"

  # Disable automatic box update checking. If you disable this, then
  # boxes will only be checked for updates when the user runs
  # `vagrant box outdated`. This is not recommended.
  # config.vm.box_check_update = false

  # Create a forwarded port mapping which allows access to a specific port
  # within the machine from a port on the host machine. In the example below,
  # accessing "localhost:8080" will access port 80 on the guest machine.
  # NOTE: This will enable public access to the opened port
  # config.vm.network "forwarded_port", guest: 80, host: 8080

  # Create a forwarded port mapping which allows access to a specific port
```

```
# within the machine from a port on the host machine and only allow access
# via 127.0.0.1 to disable public access
# config.vm.network "forwarded_port", guest: 80, host: 8080, host_ip: "127.0.0.1"

# Create a private network, which allows host-only access to the machine
# using a specific IP.
# config.vm.network "private_network", ip: "192.168.33.10"

# Create a public network, which generally matched to bridged network.
# Bridged networks make the machine appear as another physical device on
# your network.
# config.vm.network "public_network"

# Share an additional folder to the guest VM. The first argument is
# the path on the host to the actual folder. The second argument is
# the path on the guest to mount the folder. And the optional third
# argument is a set of non-required options.
# config.vm.synced_folder "../data", "/vagrant_data"

# Provider-specific configuration so you can fine-tune various
# backing providers for Vagrant. These expose provider-specific options.
# Example for VirtualBox:
#
# config.vm.provider "virtualbox" do |vb|
#   # Display the VirtualBox GUI when booting the machine
#   vb.gui = true
#
#   # Customize the amount of memory on the VM:
#   vb.memory = "1024"
# end
#
# View the documentation for the provider you are using for more
# information on available options.

# Enable provisioning with a shell script. Additional provisioners such as
# Ansible, Chef, Docker, Puppet and Salt are also available. Please see the
# documentation for more information about their specific syntax and use.
# config.vm.provision "shell", inline: <<-SHELL
#   apt-get update
#   apt-get install -y apache2
# SHELL
end
```

　　如果读者仔细观察一下上述文件的内容，就会发现它实际上就是 vagrantflie 配置文件的一个模板和一份以注释形式编写的简易教程。下面我们就基于这个文件来介绍如何具体配置 Vagrant 虚拟机项目。如果我们去掉该文件中的所有注释，就会发现其当前真正发挥作用的配置只有以下 3 行代码。

```
Vagrant.configure("2") do |config|
  config.vm.box = "base"
end
```

不用怀疑，正是这 3 行代码构成了 Vagrant 虚拟机项目的基本配置。其中，第一行定义了一个名为 config 的配置对象，该对象的各项属性就是我们的虚拟机项目的全局配置项，适用于该项目所管辖的所有虚拟机。根据该对象的声明，我们还可以知道它采用的是版本为 2 的配置规则。然后，从第一行开始，直至最后一行中的 end 结束符之前，我们编写的所有代码都是在 config 对象的作用域内进行的细项配置。譬如在上面代码的第二行中，config.vm.box 选项的作用是配置 Vagrant 创建虚拟机时所需要使用的镜像文件。需要特别注意的是，这里的 base 是一个无效的镜像文件名，我们需要根据自己的需要将其改为实际有效的镜像文件名，例如，如果我们想安装的是一个基于 CentOS 的虚拟机，就可以将这行代码改为 config.vm.box = "centos-7"。除此之外，根据我们刚才移除的注释内容，我们接下来还可以为虚拟机配置以下选项。

- **config.vm.hostname 选项**：该选项用于配置虚拟机的主机名。当我们需要模拟由多台机器组成的开发环境时，主机名的配置通常是必不可少的。例如，如果我们创建了 centos1、centos2 两台虚拟机，那么在使用 vagrant up 命令启动虚拟机时就需要用主机名指定要启动的是 centos1 还是 centos2，否则所有的虚拟机将会一起被启动，一瞬间占用宿主机的大量资源。另外，该主机名也将会以环境变量的形式被配置在虚拟机所安装的操作系统中。

- **config.vm.network 选项**：该选项用于配置虚拟机的网络。在 Vagrant 管理的虚拟机之间，网络连接可以有以下 3 种模式。

  - NAT 模式：这是 Vagrant 在默认情况下使用的网络连接模式，不需要我们对其进行特别设置。在该模式下，虚拟机可以借由其宿主机端口转发的形式访问局域网，乃至整个互联网。

  - host-only 模式：该模式需要使用将 config.vm.network 选项设置为 private_network，并为其手动指定 IP 地址，或者将网络类型设置为 DHCP 以便让其自动分配 IP 地址。在该模式下，虚拟机只能被其宿主机访问，其他机器均无法访问它。

  - bridge 模式：该模式需要使用将 config.vm.network 选项设置为 public_network，并为其手动指定 IP 地址，或者为其指定要桥接的网络适配器。在该模式下，虚拟机就相当于其宿主机所在的局域网中的一台独立的机器，可以被其他机器访问。

下面是一些该选项的具体配置示例。

```
# 将网络配置为 host-only 模式，并为其手动配置 IP 地址
config.vm.network :private_network, ip: "192.168.100.1"
# 将网络配置为 host-only 模式，并为其配置为 DHCP 地址分配模式
config.vm.network "private_network", type: "dhcp"
# 将网络配置为 bridge 模式，并为其手动配置 IP 地址
config.vm.network "public_network", ip: "192.168.31.7"
# 将网络配置为 bridge 模式，并为其指定桥接适配器
config.vm.network "public_network", bridge: "en1: Wi-Fi (AirPort)"
# 配置虚拟机与宿主机之间的端口映射
# 将宿主机上的 8080 端口映射到虚拟机的 80 端口
config.vm.network :forwarded_port, guest: 80, host: 8080
```

- **config.vm.provider 选项**：该选项用于配置虚拟机的具体硬件参数。在 Vagrant 中，由于硬件参数的具体设置依赖于其具体使用的虚拟机软件服务，所以在配置该选项时需要指定我们所使用的具体 Providers 类型，并定义出一个该类型的对象，然后通过该对象来进行相关配置。例如，如果我们需要基于 VirtualBox 这款虚拟机软件，使用 Vagrant 创建一台配置双核 CPU、内存为 4GB 的虚拟机，就可以将配置文件编写如下。

```
Vagrant.configure("2") do |config|
    # 其他全局配置
    config.vm.provider :virtualbox do |vb|
        # 配置虚拟机在 VirtualBox 管理控制台中的名称
        vb.name = "vagrant_demo"
        # 配置虚拟机的内存大小，单位为 MB
        vb.memory = "4096"
        #配置虚拟机的 CPU 核心数
        vb.cpus = 2
    end
end
```

- **config.vm.synced_folder 选项**：该选项用于配置虚拟机与宿主机之间的共享目录，默认情况下，该共享目录就是 vagrantfile 文件所在的目录（即当前项目的根目录）。如果想特别指定其他目录，就需要手动为该选项设置新的值，例如像下面这样。

```
# 在 Windows 系统中配置共享目录
# 将 Windows 系统的宿主机的 D:/code 目录
# 映射并挂载到 Ubuntu 系统的虚拟机中的/home/www/目录中
config.vm.synced_folder "D:/code", "/home/www/"
```

- **config.ssh.username 选项**：该选项用于配置虚拟机中登录系统所用的

用户名。在 Vagrant 中，默认用户名就是 vagrant，如果我们使用的 Box 文件是个官方镜像文件，就务必使用这个默认用户名。但如果使用的是自己打包的镜像文件，那就可以根据实际情况通过该选项来配置我们所要使用的用户名。

- **config.vm.provision 选项**：该选项用于配置可让虚拟机自动执行的自定义脚本，这些脚本通常只能在第一次执行 vagrant up 命令时，额外特别执行 vagrant provision、vagrant reload --provision 或 vagrant up --provision 命令时自动执行，主要用于完成必备工具的安装与配置操作。另外，由于 Vagrant 支持的自定义的脚本类型包括 shell、Ansible、CFEngine、Chef、Docker 等，所以我们在使用该选项配置自定义脚本时，通常需要指定脚本的类型和执行方式，下面是一些配置示例。

```
Vagrant.configure("2") do |config|
    # 以内联的方式执行 shell 脚本
    config.vm.provision "shell", inline: "echo 1"
    # 以外部文件的方式执行 shell 脚本
    config.vm.provision "shell", path: "./scripts/script.sh"
end
```

除了上述使用 config 对象进行全局配置之外，如果需要一次创建多台虚拟机的话，我们还可以通过 config.vm.define 选项来定义一个局部对象，以便针对某个具体的虚拟机来进行具有针对性的配置。该局部对象可配置的选项与 config 全局对象基本相同。下面是该选项的一个配置示例。

```
# 定义一个虚拟机列表
vm_list = [
    {
        :name => "centos1",
        :eth1 => "192.168.100.1",
        :mem => "2048",
        :cpu => "4",
        :sshport => 22231
    },
    {
        :name => "centos2",
        :eth1 => "192.168.100.2",
        :mem => "4096",
        :cpu => "2",
        :sshport => 22232
    }
]
```

```
Vagrant.configure(2) do |config|
    config.vm.box = "centos-7"
    # 遍历虚拟机列表
    vm_list.each do |item|
        # 创建虚拟机级别的配置对象
        config.vm.define item[:name] do |vm_config|
            vm_config.vm.hostname = item[:name]
            vm_config.vm.network "private_network", ip: item[:eth1]
            # 禁用默认的 SSH 服务转发端口
            vm_config.vm.network "forwarded_port", guest: 22, host: 2222,
                                                id: "ssh", disabled: "true"
            vm_config.vm.network "forwarded_port", guest: 22,
                                                host: item[:sshport]
            vm_config.vm.provider "virtualbox" do |vb|
                vb.name = item[:name];
                vb.memory = item[:mem];
                vb.cpus = item[:cpu];
            end
        end
    end
end
```

B.1.3   Vagrant CLI 的常用命令

在完成了配置文件的编写之后，我们就可以使用 Vagrant CLI 来进行虚拟机的管理操作了。这里需要提醒读者注意的是：vagrantfile 文件中的配置代码通常只在第一次执行 vagrant up 命令时被执行。之后，如果我们不明确使用 vagrant reload --provision 命令进行重新加载，这些配置代码就不会再被执行了。下面，就让我们来分类介绍一下 Vagrant CLI 的常用命令。

1. 在需要使用 SSH 的方式进入指定虚拟机内执行某些操作时，我们可以使用 vagrant ssh 命令(如果当前项目下管辖有多台虚拟机，就执行 vagrant ssh <主机名>命令)，如图 B-1 所示。

2. 在执行虚拟机的启动、重启与关闭等操作时，我们常会用到以下命令。

```
# 启动所有虚拟机
vagrant up
# 启动指定的虚拟机
vagrant up <主机名>
# 重启所有虚拟机
```

```
vagrant reload
# 重启指定的虚拟机
vagrant reload <主机名>
# 关闭所有虚拟机
vagrant halt
# 关闭指定的虚拟机
vagrant halt <主机名>
# 挂起所有虚拟机
vagrant suspend
# 挂起指定的虚拟机
vagrant suspend <主机名>
```

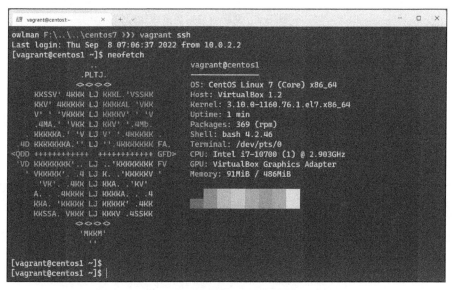

图 B-1 使用 SSH 方式进入虚拟机

3. 在需要销毁项目中的虚拟机时，我们需要用到以下命令。

```
# 销毁所有虚拟机
vagrant destroy -f
# 销毁指定的虚拟机
vagrant destroy <主机名> -f
```

基于篇幅的考虑，我们在这里只介绍了 Vagrant CLI 的常用命令。如果我们需要使用到某个指定的命令，可以使用 vagrant --help 和 vagrant <指定命令> --help 这两个命令（在这里，命令中的--help 参数可以使用-h 这样的简写形式）来查看 Vagrant CLI 提供的帮助信息。例如在图 B-2 中，我们就根据这些帮助信息执行对现有虚拟机的镜像打包操作。

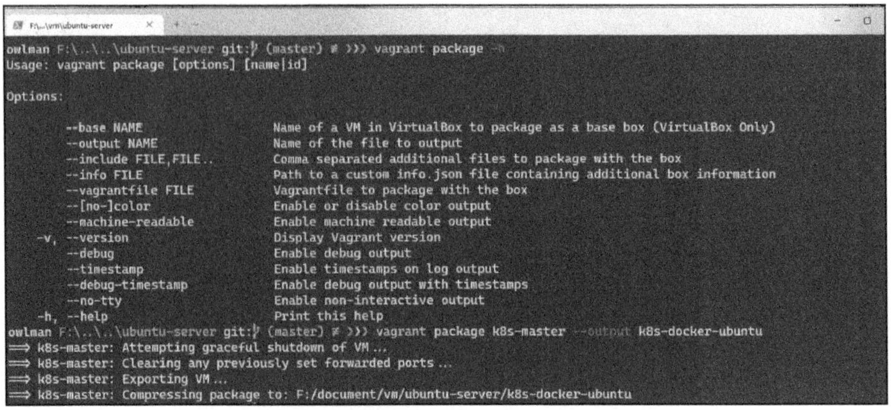

图 B-2　对现有虚拟机的镜像打包操作

B.2　项目示例：搭建 K8s 服务器集群

在掌握了 Vagrant 的基本使用方法之后，我们接下来就可以通过实际项目来演示如何使用 Vagrant+VirtualBox 搭建一个部署了 K8s 系统的服务器集群。该集群的主要配置如表 B-1 所示。

表 B-1　部署了 K8s 系统的服务器集群的主要配置

主机名	IP 地址	内存	处理器数量	操作系统
k8s-master	192.168.100.21	4GB	2	Ubuntu 20.04
k8s-worker1	192.168.100.22	2GB	2	Ubuntu 20.04
k8s-worker2	192.168.100.23	2GB	2	Ubuntu 20.04

B.2.1　准备工作

要想模拟出上面这个由 3 台服务器组成的 K8s 服务器集群，首先要做的是在宿主机中安装 VirtualBox。为此，我们需要利用搜索引擎找到 VirtualBox 的官方网站，并进入其下载页面，然后根据宿主机所使用的操作系统来下载对应的安装包。需要注意的是，除了主程序的安装包之外，我们还需要下载相应的扩展包来安装扩展程序，以便在创建虚拟机时能对 USB 3.0 接口等高级特性进行模拟，如图 B-3 所示。

VirtualBox 主程序安装包是以图形化向导的方式来执行的，初学者只需要一直按照其默认选项完成安装即可。在安装完成 VirtualBox 之后，我们还需要对其进行一些全局配置。为此，我们需要启动 VirtualBox，然后依次单击其主菜单中的"管理"→"全局设定"或按快捷键"Ctrl + G"，并在弹出的如图 B-4 所示的"常规"选项卡中修改"默认虚拟电脑位置"，以免日后虚拟机占用过多 Windows 系统分区的空间。最后，在如图 B-5 所示的"扩展"选项卡中导入我们之前下载好的扩展程序。

VirtualBox binaries

By downloading, you agree to the terms and conditions of the respective license.

If you're looking for the latest VirtualBox 6.0 packages, see VirtualBox 6.0 builds. Please also use version 6.0 if you nee discontinued in 6.1. Version 6.0 will remain supported until July 2020.

If you're looking for the latest VirtualBox 5.2 packages, see VirtualBox 5.2 builds. Please also use version 5.2 if you stil 6.0. Version 5.2 will remain supported until July 2020.

VirtualBox 6.1.38 platform packages

- Windows hosts
- OS X hosts
- Linux distributions
- Solaris hosts
- Solaris 11 IPS hosts

主程序安装包

The binaries are released under the terms of the GPL version 2.

See the changelog for what has changed.

You might want to compare the checksums to verify the integrity of downloaded packages. *The SHA256 checksums sho insecure!*

- SHA256 checksums, MD5 checksums

Note: After upgrading VirtualBox it is recommended to upgrade the guest additions as well.

VirtualBox 6.1.38 Oracle VM VirtualBox Extension Pack

- All supported platforms   扩展程序安装包

Support for USB 2.0 and USB 3.0 devices, VirtualBox RDP, disk encryption, NVMe and PXE boot for Intel cards. See this Extension Pack. The Extension Pack binaries are released under the VirtualBox Personal Use and Evaluation License (PU *installed version of VirtualBox.*

VirtualBox 6.1.38 Software Developer Kit (SDK)

图 B-3 下载 VirtualBox 主程序安装包及扩展程序安装包

图 B-4 VirtualBox 全局设定之"常规"选项卡

在完成了虚拟机软件的安装与配置操作之后，接下来的任务就是安装 Vagrant 本身了。同样地，我们需要利用搜索引擎找到 Vagrant 的官方网站，并进入其下载页面，然后根据宿主机所使用的操作系统来下载对应的安装包，如图 B-6 所示。

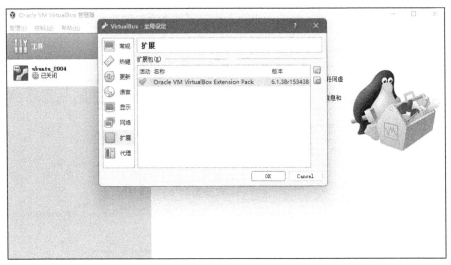

图 B-5　VirtualBox 全局设定之"扩展"选项卡

图 B-6　下载 Vagrant 的安装包

　　具体在 Windows 系统中，该安装包也是以图形化向导的方式来执行的，初学者只需要一直按照其默认选项完成安装即可。在安装过程中，Vagrant 的安装包会自动把安装路径加入到系统的 PATH 环境变量中，所以，我们可以通过在 PowerShell/bash 之类的终端环境中执行 vagrant version 命令来验证安装是否成功。

```
$ vagrant version
Installed Version: 2.3.0
Latest Version: 2.3.0
```

　　在确认成功安装了 Vagrant 之后，为了让该工具能更好地管理使用 VirtualBox 创建的虚拟机，我们还需要继续在终端环境中执行 vagrant plugin install vagrant-vbguest vagrant-share 命令来安装相关的插件，以便该工具能自动安装并配置虚拟机的驱动增强包，从而实现虚拟机与宿主机之间的目录共享等功能。如果一切顺利，我们可以通过 `vagrant plugin list` 命令来确认插件的安装。

```
$ vagrant plugin list
vagrant-share (2.0.0, global)
vagrant-vbguest (0.30.0, global)
```

B.2.2 搭建集群

在完成上述准备工作之后，我们就可以正式开始创建用于模拟 K8s 服务器集群的 Vagrant 项目了，其主要步骤如下。

1. 在计算机中的任意位置上创建一个名为 k8s_cluster 的目录，使用 PowerShell/ bash 之类的终端环境进入该目录中，并执行 `vagrant init` 命令，将其初始化为一个 Vagrant 项目的根目录。
2. 在 k8s_cluster 目录下打开上述命令自动生成的 vagrantfile 文件，并将其内容修改如下。

```
# 生成要创建的虚拟机清单
vm_list = [
    {
        :name => "k8s-master",
        :eth1 => "192.168.100.21",
        :mem => "4096",
        :cpu => "2",
        :sshport => 22230
    },
    {
        :name => "k8s-worker1",
        :eth1 => "192.168.100.22",
        :mem => "2048",
        :cpu => "2",
        :sshport => 22231
    },
    {
        :name => "k8s-worker2",
        :eth1 => "192.168.100.23",
        :mem => "2048",
        :cpu => "2",
        :sshport => 22232
    }
]
```

```
Vagrant.configure(2) do |config|
    # 全局配置，指定要下载并使用的镜像名称，并设置要使用的字符编码
    config.vm.box = "gusztavvargadr/ubuntu-server"
    config.vm.box_check_update = false
    Encoding.default_external = 'UTF-8'

    # 遍历虚拟机清单，根据其中定义的参数创建虚拟机
    vm_list.each do |item|
        config.vm.define item[:name] do |vm_config|
            vm_config.vm.hostname = item[:name]
            vm_config.vm.network "public_network", ip: item[:eth1]
            # 禁用默认的 SSH 服务转发端口
            vm_config.vm.network "forwarded_port", guest: 22, host: 2222,
                                            id: "ssh", disabled: "true"
            vm_config.vm.network "forwarded_port", guest: 22,
                                                host: item[:sshport]
            vm_config.vm.provider "virtualbox" do |vb|
                vb.memory = item[:mem];
                vb.cpus = item[:cpu];
                vb.name = item[:name];
            end
            # 设置 K8s 服务器集群中所有机器都要执行的自定义脚本
            vm_config.vm.provision "shell", path: "scripts/common.sh"
            if item[:name] == "k8s-master"
                # 设置 K8s 服务器集群的主控节点要执行的自定义脚本
                vm_config.vm.provision "shell", path: "scripts/master.sh"
            else
                # 设置 K8s 服务器集群的工作节点都要执行的自定义脚本
                vm_config.vm.provision "shell", path: "scripts/worker.sh"
            end
        end
    end
end
```

3. 在 `k8s_cluster` 目录下创建一个名为 `scripts` 的目录，并在该目录下创建一个名为 `common.sh` 的、三机通用的配置脚本文件，并在其中输入如下代码。

```
#! /bin/bash

# 指定要安装哪一个版本的 K8s
KUBERNETES_VERSION="1.21.1-00"

# 关闭 swap 分区
sudo swapoff -a
sudo sed -ri 's/.*swap.*/#&/' /etc/fstab
```

```
echo "Swap diasbled..."

# 关闭防火墙功能
sudo ufw disable

# 安装一些 Docker+K8s 环境的依赖项
sudo mv /etc/apt/sources.list /etc/apt/sources.list-backup
sudo cp -i /vagrant/scripts/apt/sources.list /etc/apt/
sudo apt update -y
sudo apt install -y apt-transport-https ca-certificates curl wget software-
properties-common build-essential

echo "Dependencies installed..."

# 安装并配置 Docker CE
curl -fsSL https://mirrors.aliyun.com/docker-ce/linux/ubuntu/gpg | sudo apt-
key add -
sudo add-apt-repository "deb [arch=amd64] https://mirrors.aliyun.com/docker-
ce/linux/ubuntu $(lsb_release -cs) stable"
sudo apt update -y
sudo apt install -y docker-ce
cat <<EOF | sudo tee /etc/docker/daemon.json
{
 "registry-mirrors": ["https://registry.cn-hangzhou.aliyuncs.com"],
 "exec-opts":["native.cgroupdriver=systemd"]
}
EOF

# 启动 Docker
sudo systemctl enable docker
sudo systemctl daemon-reload
sudo systemctl restart docker

echo "Docker installed and configured..."

# 安装 K8s 组件：kubelet、kubectl、kubeadm
curl https://mirrors.aliyun.com/kubernetes/apt/doc/apt-key.gpg | sudo apt-key add -
cat <<EOF | sudo tee /etc/apt/sources.list.d/kubenetes.list
deb https://mirrors.aliyun.com/kubernetes/apt/ kubernetes-xenial main
EOF
sudo apt update -y
sudo apt install -y kubelet=$KUBERNETES_VERSION kubectl=$KUBERNETES_VERSION
kubeadm=$KUBERNETES_VERSION
```

```
# 如果想阻止自动更新，可以选择锁住相关软件的版本
sudo apt-mark hold kubeadm kubectl kubelet

# 启动 K8s 的服务组件：kubelet
sudo systemctl start kubelet
sudo systemctl enable kubelet

echo "K8s installed and configured..."
```

4. 继续在 `scripts` 目录下创建一个名为 `master.sh` 的、K8s 服务器集群主控节点专用的脚本文件，并在其中输入如下代码。

```
#! /bin/bash

# 指定主控节点的 IP 地址
MASTER_IP="192.168.100.21"
# 指定主控节点的主机名
NODENAME=$(hostname -s)
# 指定当前 K8s 服务器集群中 Service 所使用的 CIDR
SERVICE_CIDR="10.96.0.0/12"
# 指定当前 K8s 服务器集群中 Pod 所使用的 CIDR
POD_CIDR="10.244.0.0/16"
# 指定当前使用的 K8s 的版本
KUBE_VERSION=v1.21.1

# 特别预先加载 coredns 插件
COREDNS_VERSION=1.8.0
sudo docker pull registry.cn-hangzhou.aliyuncs.com/google_containers/coredns:
$COREDNS_VERSION
    sudo docker tag registry.cn-hangzhou.aliyuncs.com/google_containers/coredns:
$COREDNS_VERSION registry.cn-hangzhou.aliyuncs.com/google_containers/coredns/coredns:
v$COREDNS_VERSION

# 使用 kubeadm 工具初始化 K8s 服务器集群
sudo kubeadm init \
  --kubernetes-version=$KUBE_VERSION \
  --apiserver-advertise-address=$MASTER_IP \
  --image-repository=registry.cn-hangzhou.aliyuncs.com/google_containers \
  --service-cidr=$SERVICE_CIDR \
  --pod-network-cidr=$POD_CIDR \
  --node-name=$NODENAME \
  --ignore-preflight-errors=Swap

# 生成主控节点的配置文件
mkdir -p $HOME/.kube
```

```
sudo cp -i /etc/kubernetes/admin.conf $HOME/.kube/config
sudo chown $(id -u):$(id -g) $HOME/.kube/config

# 将主控节点的配置文件备份到别处
config_path="/vagrant/configs"

if [ -d $config_path ]; then
    sudo rm -f $config_path/*
else
    sudo mkdir -p $config_path
fi

sudo cp -i /etc/kubernetes/admin.conf $config_path/config
sudo touch $config_path/join.sh
sudo chmod +x $config_path/join.sh

# 将往 K8s 服务器集群中添加工作节点的命令保存为脚本文件
kubeadm token create --print-join-command > $config_path/join.sh

# 安装名为 calico 的网络插件
# 网络安装
sudo wget https://docs.projectcalico.org/v3.14/manifests/calico.yaml
sudo kubectl apply -f calico.yaml

# 安装名为 flannel 的网络插件
# 网络安装
# sudo wget https://raw.githubusercontent.com/coreos/flannel/master/Documentation/
kube-flannel.yml
# sudo kubectl apply -f kube-flannel.yml
```

5. 继续在 scripts 目录下创建一个名为 worker.sh 的、K8s 服务器集群中工作节点通用的脚本文件，并在其中输入如下代码。

```
#! /bin/bash

# 执行之前保存的，用于往 K8s 服务器集群中添加工作节点的脚本文件
/bin/bash /vagrant/configs/join.sh -v

# 如果希望在工作节点中也能使用 kubectl，可执行以下命令
sudo -i -u vagrant bash << EOF
mkdir -p /home/vagrant/.kube
sudo cp -i /vagrant/configs/config /home/vagrant/.kube/
sudo chown 1000:1000 /home/vagrant/.kube/config
EOF
```

6. 在 scripts 目录下创建一个名为 apt 的目录，并在该目录下创建一个名为

sources.list 的、使用阿里云国内镜像的 APT 源配置文件，在其中输入如下代码。

```
# 使用阿里云的源
deb http://mirrors.aliyun.com/ubuntu/ focal main restricted universe multiverse
deb-src http://mirrors.aliyun.com/ubuntu/ focal main restricted universe multiverse
deb http://mirrors.aliyun.com/ubuntu/ focal-security main restricted universe multiverse
deb-src http://mirrors.aliyun.com/ubuntu/ focal-security main restricted universe multiverse
deb http://mirrors.aliyun.com/ubuntu/ focal-updates main restricted universe multiverse
deb-src http://mirrors.aliyun.com/ubuntu/ focal-updates main restricted universe multiverse
deb http://mirrors.aliyun.com/ubuntu/ focal-proposed main restricted universe multiverse
deb-src http://mirrors.aliyun.com/ubuntu/ focal-proposed main restricted universe multiverse
deb http://mirrors.aliyun.com/ubuntu/ focal-backports main restricted universe multiverse
deb-src http://mirrors.aliyun.com/ubuntu/ focal-backports main restricted universe multiverse
```

7. 回到 k8s_cluster 目录下并执行 vagrant up 命令，开始创建虚拟机。在 vagrant up 命令的执行过程中，读者会看到 Vagrant 在构建虚拟机之后，在第一次启动它们时自动执行 scripts 目录中的脚本。这些脚本将会自动为虚拟机配置、安装 Docker 与 K8s 环境。以下是其安装软件的版本信息。

```
Docker-CE:  20.10.17
Kubernetes: 1.21.1
     kube-apiserver: v1.21.1
     kube-proxy: v1.21.1
     kube-controller-manager: v1.21.1
     kube-scheduler: v1.21.1
     pause: 3.4.1
     coredns: v1.8.0
     etcd: 3.4.13-0
```

需要特别说明的是，基于篇幅方面的考虑，这里介绍的只是在使用 Vagrant+VirtualBox 来虚拟一个三机组成的 K8s 服务器集群环境时可能会用到的配置选项和常用命令。如果读者希望更全面地了解如何使用 Vagrant 来管理虚拟机，以及它与其他虚拟机软件的搭配使用，可以自行在 Google 等搜索引擎中搜索 "Vagrant document" 关键词，然后查看 Vagrant 官方提供的相应文档。